JN075919

iPad
マスターブック 2023
iPadOS 16対応

小山香織［著］

マイナビ

はじめに

本書をお手に取ってくださって、ありがとうございます。

本書は、2022年1月に発行した『iPadマスターブック2022』をベースに、すべての内容を最新情報に改訂したものです。
本書では一部を除き、2022年に発売されたiPad（第10世代）Wi-Fi ＋ Cellularモデルの図を掲載しています。また一部を除き、iPadを横向きに持った時の画面を掲載しています。縦向きに持つと画面が変わりますが、操作は同様です。

iPadで動作しているOS（基本ソフトウェア）をiPadOSと言います。毎年秋に大規模なアップデートがAppleから公開されるのが恒例で、2022年10月にiPadOS 16が登場しました。

各見開きの見出しの下にあるアイコンは、2022年12月現在の現行モデルに対応しています。

[Pro]アイコン…12.9インチiPad Pro（第6世代）、11インチiPad Pro（第4世代）
[Air]アイコン…iPad Air（第5世代）
[iPad]アイコン…iPad（第9世代、第10世代）
[mini]アイコン…iPad mini（第6世代）

これ以外のiPadでも、iPadOS 16が動作していれば使い方は同じです。ただしモデル、iPadOS 16の小規模なバージョンの違い（16.1か16.2か、など）、設定により、機能や画面が一部異なります。本書はiPadOS 16.1を使用して制作しましたが、一部で16.2に言及しています。

いつでもさっと手に取って気軽に使える。指先で直感的に操作できる。Apple Pencilなどを使えば手書きがさらに便利になる。キーボードを接続して仕事や学習に役立てる。このように、iPadにはたくさんの魅力があります。iPadを使って生活をもっと楽しく豊かにするために、本書が少しでもお役に立てば幸いです。

2023年1月
小山香織

Contents iPadマスターブック 2023

Chapter 1

iPadの基本

これからiPadを使っていくために、まずは各部の名称と役割、電源のオン／オフ、ロック／ロック解除、画面に触れて操作する方法とその名前を知っておきましょう。購入して初めて使う際の設定方法も、この章で解説します。

Chapter 1 ［本体の操作］

iPad本体の基本操作

Pro　Air　iPad　mini

iPadにはホームボタンのあるモデルとないモデルがあります。ホームボタンの有無により操作も一部異なります。電源のオン／オフと、ロック／ロック解除の操作を解説します。

基本 ●————————— 応用
趣味 ——————●— 実用

▶ iPadの各部の名称と役割

ホームボタンのあるiPad ※モデルにより一部違いがあります

上部

3.5㎜ステレオヘッドフォンミニジャック
ヘッドフォンを差し込みます。一般的なほとんどのヘッドフォンを利用できます

トップボタン
iPadの電源を切る、または入れる時や、ロックしてスリープ状態にする時に利用します

カメラ
自分撮りしたり、テレビ電話に使えます。写真も動画も撮影できます

カメラ
写真も動画も撮影できます

マイクロフォン
音声の入力時に使います

音量を上げる／下げる

ホームボタン／
Touch ID（指紋）センサー

Smart Connector
（一部のモデル）
AppleのSmart Keyboardなどを接続するためのインターフェイスです

下部

Lightningコネクタ
付属のUSBケーブルを使って電源アダプタやパソコンと接続します

スピーカー
音楽やカメラのシャッター音、メールの着信音などがここから流れます

ホームボタンのないiPad ※モデルにより一部違いがあります

上部

スピーカー

トップボタン
一部のモデルではTouch ID（指紋）
センサーを兼ねています

カメラ

マイクロフォン

音量を
上げる／下げる

カメラ
自分撮りやテレビ電話
のほか、iPad Proでは
Face ID（顔認証）にも
使用します

Smart Connector

マイクロフォン

下部

スピーカー

USB-Cコネクタ
付属のUSBケーブルを使って電源アダプタやパソコンと接続します。
外付けのディスプレイを接続して映像を出力することもできます

▶ iPadの電源を入れる／切る

1 電源のオン／オフ

iPadの電源を入れるには、トップボタンをAppleロゴが表示されるまで押し続けます。電源を切るには、ホームボタンのあるiPadではトップボタンを、ホームボタンのないiPadではトップボタンと音量を上げるまたは下げるボタンを同時に、[スライドで電源オフ]と表示されるまで長く押し❶、表示されたボタンを右へスライドします❷。

❶ ボタンを長く押します

❷ スライドします

▶ iPadのロック／ロック解除をする

1 ロックする

iPadを使わない時はトップボタンを押して❶、ロック（スリープ）状態にします❷。バッテリーを節約でき、ほかの人に不用意に使われることも防げます。いちいち電源を切る必要はありません。

❶ 押します

❷ ロックされます

2 ロック画面を表示する

スリープを解除してロック画面を表示するには、トップボタンを押します❸。またはホームボタンのないiPadでは画面をタップ（指先で軽く叩く）します❹。ロック画面で、スリープ中に届いた通知を確認できます。

❸ トップボタンを押すか

❹ 画面をタップします

3 顔でロック解除する

iPad Proで顔を登録してあれば、画面に顔を向けると❺、ロックが解除されます❻。画面のいちばん下から上方向にスワイプ（指先を当てたまま上へ動かす）します❼。

❺ 画面に顔を向けます

❻ ロックが解除されます

❼ スワイプします

4 指紋でロック解除する

一部のモデルではトップボタンがTouch ID（指紋）センサーを兼ねているため、指紋を登録してあれば、トップボタンを押してスリープを解除し、そのまま触れているとロックが解除されます❽。ホームボタンのあるiPadで指紋を登録してあれば、その指先でホームボタンに触れます。画面上部に［ロック解除］と表示されたら、ホームボタンを押します。

❽ ボタンを押してスリープ解除し、そのまま触れているとロックが解除されます

11月11日 金曜日

12:40

5 パスコードで解除する

顔や指紋を登録していない場合は、ホームボタンのあるiPadではホームボタンを押します。ホームボタンのないiPadでは画面のいちばん下から上方向にスワイプします❾。するとパスコードを入力する画面になるので、入力してロック解除します❿。顔や指紋の認証を数回試行して認識されない場合も、パスコードを入力する画面になります。

Point パスコードも
設定していない場合

パスコードも設定していない場合は、パスコード入力の画面は表示されず、すぐに使える状態になります。

❾ ホームボタンを押すかスワイプします

❿ パスコードを入力します

Chapter 1 ［セットアップ］

iPadをセットアップするには

iPadを購入して初めて電源を入れると、設定アシスタントが自動で始まります。1ステップずつ設定していきましょう。

▶ 設定を始める

1 iPadを起動する

トップボタンを長く押して電源を入れます❶。「こんにちは」の画面が表示されたら、ホームボタンのあるiPadではホームボタンを押します❷。ホームボタンのないiPadでは画面のいちばん下から上へスワイプします❸。

❶ 長く押して電源を入れます

❷ ホームボタンを押します

❸ またはスワイプします

2 言語を選択する

このiPadで使う言語を選択します。本書では［日本語］をタップします❹。

❹ タップします

3 国または地域を選択する

このiPadを使う国または地域を選択します。本書では［日本］をタップします❺。または、指先で下から上へなでるように動かしてリストの下の方へスクロール（移動）し、国または地域を見つけてタップします❻。

4 クイックスタートの画面になる

ほかのデバイスから設定を移すことができますが、ここでは［手動で設定］をタップします❼。移す場合の手順は19ページを参照してください。

▶ 手動で設定する

1 入力の設定をする

最初の言語と地域の選択に基づいて一般的な設定が自動で選ばれています。通常は［続ける］をタップして先に進んで差し支えないでしょう❶。［設定をカスタマイズする］をタップして言語、キーボード、音声入力を1つずつ設定することもできます。

Wi-Fiを設定する

Wi-Fi（無線LAN）のネットワーク名（アクセスポイント名）が表示されたらタップします❷。パスワードの画面が開いたら入力して、[接続] をタップします❸。非公開に設定されていて、ここに表示されないネットワークに接続する場合はネットワーク名のリストのいちばん下にある [別のネットワークを選択] をタップします❹。

❷ 使うネットワークをタップします

❸ 次の画面でパスワードを入力して [接続] をタップします

❹ 表示されないネットワークに接続する場合にタップします

表示されないWi-Fiに接続する場合

手順2で[別のネットワークを選択]をタップした場合は、ネットワーク名を入力し❺、セキュリティの種類をタップして選択してから❻、パスワードを入力して❼、[接続] をタップします❽。
ネットワークに接続した後、[データとプライバシー] の説明が表示されたら、読んだ上で[続ける]をタップします。

❺ 入力します

❻ タップしてから選択します

❼ 入力します

❽ タップします

Touch IDまたはFace ID を設定する

指紋か自分の顔を登録できます（モデルにより異なります）。登録するとiPadのロック解除やアプリの購入などに利用できます。[続ける] をタップし❾、画面の指示に従います。ここでは登録せずに、あとで登録しても構いません。120 ～ 123 ページを参照してください。

❾ タップして画面の指示に従います

5 パスコードを作成する

パスコードを設定します。任意の6桁の数字をタップして入力します❿。この次の画面で確認のために同じ6桁の数字をもう一度入力します。

Point 6桁の数字以外のパスコード

[パスコードオプション] をタップすると、アルファベットを混ぜたパスコードなどを設定できます。

❿ 6桁の数字を入力します

6 復元か新規を選ぶ

ほかのiPadやバックアップをもとに復元する場合は、転送元に応じていずれかをタップします⓫。本書では [Appとデータを転送しない] をタップします⓬。

Point Androidからの移行

AndroidデバイスにGoogle Playストアから「iOSに移行」アプリをインストールした上で、この画面で [Androidからデータを移行] をタップします。

⓫ 転送元がある場合はいずれかをタップします

⓬ 本書ではこちらをタップします

7 Apple IDを入力する

iPadを使う上でApple IDでサインインするのは、基本的に必須です。Apple IDを入力して⓭、[次へ] をタップします⓮。Apple IDをまだ持っていない場合は [パスワードをお忘れかApple IDをお持ちでない場合] をタップし、画面の指示に従って作成できます。

⓭ 入力します

⓮ タップします

8

パスワードを入力する

パスワード欄が現れます。Apple IDのパスワードを入力して⓯、[次へ]をタップします⓰。

Point 2ファクタ認証

2ファクタ認証を設定しているApple IDの場合は、この後、2ファクタ認証の画面が開くので確認コードを入力します。2ファクタ認証については132ページを参照してください。

⓯ 入力します

⓰ タップします

9

利用規約に同意する

利用規約に目を通し[同意する]をタップします⓱。
この後、ほかのiPadで使っていたApple IDをこのiPadでも使う場合は、ほかのiPadの設定を移行するという確認の画面が表示されます。[続ける]をタップするとほかのiPadと同じ設定になります。[カスタマイズ]をタップすると設定を1つずつ確認できます。本書では[カスタマイズ]をタップします。

⓱ タップします

10

アップデートについて確認する

初期設定ではiPadの基本ソフトウェアの最新バージョンが公開された時に自動でアップデートされます。[続ける]をタップします⓲。ただし、自動でアップデートしない設定に後で変更できます。22ページを参照してください。

⓲ タップします

11 位置情報の利用を設定する

このiPadで位置情報を利用するなら［位置情報サービスをオンにする］、利用しないなら［位置情報サービスをオフにする］をタップします⑲。位置情報を利用すると、「マップ」アプリで現在地を表示したり、「カメラ」アプリで写真の撮影地を記録したりすることができます。プライバシーやセキュリティを特に厳しくするのでない限り、オンにしてよいでしょう。ただし意図せず位置情報が流出しないように、アプリ単位で気をつけましょう。124～125ページを参照してください。

⑲ どちらかをタップします

12 Apple Payを設定する

クレジットカードを登録すると、対応しているWebサイトでのオンラインショッピングなどに利用できます。登録するなら［続ける］をタップし、画面の指示に従って登録します。登録しないなら［あとで"設定"でセットアップ］をタップします⑳。この後、iCloudキーチェーンの設定が表示されることがあります。iCloudキーチェーンは、パスワードなどをほかのデバイスと共有できる機能で、いちいち覚えなくても済むようになります。利用するなら［続ける］をタップし、画面の指示に従って設定します。[iCloudキーチェーンを使用しない］をタップしても構いません。

⑳ どちらかをタップします

13 Siriを設定する

Siri（シリ）は、声で操作してiPadを操作できる機能です。［続ける］をタップします。この後、自分の声や話し方を登録する画面が表示されたら、指示に従ってiPadに話しかけます。［あとで"設定"でセットアップ］をタップしても構いません㉑。［続ける］をタップした後、音声データをAppleと共有するかどうかを確認する画面が表示されたら、どちらかのボタンをタップします。

㉑ どちらかをタップします

14 スクリーンタイムを設定する

スクリーンタイムはiPadの利用状況を集計し、必要に応じて制限時間などを設定できる機能です。[続ける] か [あとで"設定"でセットアップ] のどちらかをタップします㉒。スクリーンタイムの設定については141ページのコラムを参照してください。

15 解析を送信するかどうか選択する

iPadの利用状況をAppleに送信し、製品の向上に協力するかどうかを選択します。どちらでも構いません。どちらかをタップします㉓。

16 画面表示を設定する

画面表示が全体に明るい [ライト] か、暗い [ダーク] のどちらかを、好みに応じてタップして選択し㉔、[続ける]をタップします㉕。後から変更する方法は140ページを参照してください。

17 設定完了!

これで設定が完了しました。[さあ、はじめよう!]をタップします㉖。この後、ホーム画面が表示され、使い始めることができます。

ようこそiPadへ

㉖ タップします

さあ、はじめよう!

▶ ほかのデバイスから設定を移す

1 ほかのデバイスを近づける

ほかのiPhoneまたはiPadを持っていれば、Apple IDやWi-Fiの設定を移すこともできます。13ページ手順4の画面が表示されている時に、別のデバイス（本書の例ではiPhone）を近づけます❶。近づけたデバイスにApple IDが表示されるので、確認して[続ける]をタップします❷。

❶ 別のデバイスを近づけます

新しいiPadを設定

❷ タップします

こんにちは

クイックスタート

2 近づけたデバイスのカメラを使う

iPadにもやもやと動くパターンが表示されます。これに、先ほど近づけたiPhoneのカメラを向けます❸。この後、iPhoneの画面に、新しいiPadをiPhoneと同じApple IDで使うか、家族用としてアカウントを作成するかを選択する画面が表示されるので、どちらかをタップします。その後、14ページ手順4以降とほぼ同様にセットアップを続けます。

iPhone を待機中...

このイメージを iPhone の枠内に入れてください。

❸ 先ほど近づけたデバイスのカメラでとらえます

Chapter 1 ［タッチ操作］

画面に触れて操作するには

iPadは、指先で画面に触れて操作します。使いたい項目をポンと軽く叩いたり、動かしたいところを押したまま滑らせるなど、直感的に使えます。

基本 ●━━┼━━┼━━┼━━┤ 応用
趣味 ├━━┼━━┼━━● 実用

▶ アプリの起動や項目の操作をする

1 タップとダブルタップ

アプリの起動、項目の選択、ボタンを押す操作などをするには、目的の場所を指先で軽く叩きます。これを「タップ」と言います❶。2回続けてタップすることを「ダブルタップ」と言います。

❶ 軽く叩くことを「タップ」といいます

2 長く押す

目的の場所を指先で長く押す操作をすることもあります❷。メニューを表示する時などに使用します。

❷ 長く押します

▶ 移動や拡大／縮小をする

1 ドラッグとスワイプ

指先で押したまま動かす操作を「ドラッグ」、押したまま弾くように動かす操作を「スワイプ」と言います❶。たとえばWebページが縦に長くて表示しきれない時に、上下にドラッグまたはスワイプしてスクロール（表示範囲を動かすこと）します。

❶ 指で画面を移動します

2 ピンチオープンとピンチクローズ

「マップ」アプリの地図や「写真」アプリで見ている写真などを拡大するには、2本の指先を閉じて画面に当て、そのまま押し広げるように動かします。これを「ピンチオープン」と言います❷。反対に縮小する時は、開いた状態の2本の指先を縮めるように動かします。これを「ピンチクローズ」と言います❸。

❷ ピンチオープンで拡大表示します

❸ ピンチクローズで縮小表示します

▶ ホーム画面を操作する

1 ホーム画面の基本

アプリのアイコンがたくさん並んでいるこの画面を「ホーム画面」と呼びます。アプリが増えてくるとホーム画面のページが自動で増え、左右にスワイプしてページを移動できます❶。ホーム画面の下部にあるのは「Dock（ドック）」です❷。使い方はChapter 2で解説します。iPadを縦横どちらの向きで持っているかによって、画面は自動で回転します。

❶ スワイプして次のページに移動します

❷ Dockです

Point iPadOSのソフトウェア・アップデート

iPadを動作させるための基本ソフトウェアを「iPadOS」といいます。

以前から使っているiPadで、iPadOS 15からiPadOS 16に大規模なアップデートをすることができます（一部の古いモデルを除く）。また、iPadOS 16.1から16.1.1へというように小規模なアップデートもあります。どちらもアップデートの操作は同じです。アップデートにより、機能が増えたり、動作の不具合が修正されたり、セキュリティの問題が解決したりします。

●アップデートの操作

このページの図はiPadOS 15.7の画面です。ホーム画面で［設定］をタップして開きます。左側の［一般］をタップし❶、［ソフトウェア・アップデート］をタップします❷。

［iPadOS 16にアップグレード］をタップし、画面の指示に従ってダウンロードとアップデートを実行します❸。電源に接続するようにというメッセージが表示されることがあるので、電源を使える場所で実行しましょう。

この後、自動で何回か再起動し、アップデートされます。アップデート後にセットアップの項目がいくつか表示されることがあります。12〜19ページを参照して設定します。

右図の画面にある［自動アップデート］をタップすると、新しいバージョンが公開された時に自動でダウンロードやアップデートをするかどうかを設定できます。iPadOS 16にした後は、自動アップデートをオフにして、セキュリティやシステムに関するファイルだけを自動でインストールする設定にすることもできます。また、設定にかかわらず、一部のファイルは自動でインストールされます。

Chapter 2

ホーム画面とアプリの
基本操作を知る

iPadでは自分のやりたいことに合うアプリをホーム画面から起動して使います。起動や切り替えのほか、複数のアプリやウインドウを並べる使い方などを解説します。また、アプリを入手する方法や、多くのアプリに共通するよく使う操作もこの章で紹介します。

Chapter 2 ［DockとAppスイッチャー］

アプリの起動や
切り替えをするには

メールの送受信をするには「メール」アプリというように、目的のアプリを起動して使います。複数のアプリを起動し、切り替えながら使うことができます。

| 基本 ●――――――― 応用 |
| 趣味 ―――●――― 実用 |

▶ アプリを起動する

1 アイコンをタップして起動する

ホーム画面でアプリのアイコンをタップすると起動します❶。Dockにあるアイコンをタップして起動することもできます❷。

❶ タップして起動します

❷ Dockのアイコンをタップして起動することもできます

Point Dockのアイコン

Dockは、ホーム画面のどのページにも表示されます。そのため、よく使うアプリのアイコンをDockに入れておくと便利です。アイコンの移動は38ページを参照してください。

2 Dockのアイコンは変化する

Dockの区切り線より右には、最近開いたアプリなどが表示されるため、常に変化します❸。

❸ 最近開いたアプリなどが表示されます

► アプリを切り替える

Dock から開く

アプリを使っている時に画面のいちばん下から少し上へスワイプするとDockが表示されます❶。使いたいアプリのアイコンをタップすると、そのアプリが開きます❷。

Point ホーム画面に戻って別のアプリを開く

アプリを使っている時にホームボタンを押すか、いちばん下から勢いよくスワイプするとホーム画面に戻り、次に使いたいアプリのアイコンをタップして開くことができます。

❶ スワイプします

❷ タップして開きます

App スイッチャーから切り替える

いちばん下から画面の中ほどまで上方向にスワイプします。またはホームボタンのあるiPadなら、ホームボタンを2回押します。するとAppスイッチャーが表示されます❸。起動しているアプリが表示されるので、使いたいアプリをタップします❹。起動しているアプリが多い時は、左右にスワイプしてスクロールできます❺。

❸ App スイッチャーを表示します

❹ タップして切り替えます

❺ スワイプしてスクロールできます

アプリを終了する

しばらく使わないアプリや動作が不安定なアプリは終了しましょう。Appスイッチャーで、終了したいアプリを上へスワイプします❻。

❻ スワイプして終了します

Chapter 2 ［Slide Over］

2つのアプリを重ねて使うには

2つのアプリを同時に表示して使う方法として、まずSlide Over（スライドオーバー）を解説します。本書では「メモ」と「写真」アプリで解説しますが、対応しているアプリであれば同様に操作できます。

基本 ├──┼──┼──●──┤ 応用

趣味 ├──┼──┼──●──┤ 実用

1 Slide Overを始める

「メモ」アプリが起動しています❶。画面上部にある［…］をタップし❷、［Slide Over］をタップします❸。

❶「メモ」です

❷ ここにある［…］をタップします

❸ タップします

2 別のアプリを開く

「メモ」が横に隠れます❹。ホーム画面から別のアプリを開きます。本書では［写真］をタップします❺。

❹「メモ」が隠れます

❺ タップします

 Point 同じアプリでもできる

本書では別のアプリで解説していますが、アプリによっては「メモ」の上に「メモ」を重ねるというように、同じアプリでもSlide Overを利用できます。

3 Slide Overになった

「写真」アプリが開き、「メモ」がSlide Overになりました❻。上部をドラッグして反対側へ移動できます❼。

❻ Slide Overになりました

❼ ドラッグして移動できます

4 Slide Overを隠す

Slide Overの上部を画面の右端へドラッグすると、Slide Overが隠れます❽。隠した後で画面の右端から内側へスワイプすると、再度表示されます❾。アプリによっては左端へドラッグして隠せることもあります。

❽ ドラッグして隠します

❾ 隠した後でドラッグすると表示されます

5 Slide Overを終了する

上部にある [⋯] をタップし❿、[フルスクリーン] をタップすると⓫、「メモ」だけがフルスクリーンで表示される状態に戻ります。

❿ ここにある [⋯] をタップします

⓫ タップします

Chapter 2 ［Split View］

2つのアプリを 並べて使うには

2つのアプリを同時に表示する方法として、今度はSplit View（スプリットビュー）を解説します。Split Viewか前ページのSlide Overか、どちらでも使いやすい方を使いましょう。

基本 ├──┼──┼─●─┤ 応用

趣味 ├──┼──┼─●─┤ 実用

▶ Split Viewの基本操作を知る

1 Split Viewを始める

「メモ」アプリが起動しています❶。画面上部にある［…］をタップし❷、［Split View］をタップします❸。

❶「メモ」です
❷ ここにある［…］をタップします
❸ タップします

2 別のアプリを開く

「メモ」が横に隠れます❹。ホーム画面から別のアプリを開きます。本書では［写真］をタップします❺。

❹「メモ」が隠れます
❺ タップします

3 どちらかのアプリを閉じる

Split Viewになりました❻。[…] をタップし❼、[フルスクリーン]をタップするとこのアプリだけが表示される状態になります❽。[閉じる]をタップするとこのアプリが閉じ、もう一方のアプリだけが表示されます❾。

❻ Split Viewになりました

❼ タップします

❽ タップするとこのアプリだけが表示されます

❾ タップするとこのアプリが閉じます

4 Split Viewを別のアプリにする

変えたい方のアプリの上部にある [⋯] を下へスワイプします❿。するとそのアプリが閉じて手順2と同様の画面になるので、ホーム画面から別のアプリをタップして開きます。

❿ 閉じたい方をスワイプします

5 Split ViewからSlide Overに変更する

Slide Overに変えたいアプリの上部にある[⋯]をタップし⓫、[Slide Over]をタップします⓬。

⓫ タップします

⓬ タップします

> **Point** Slide OverからSplit Viewに変更する
>
> Slide OverからSplit Viewに変更する操作も同様です。上部にある [⋯] をタップします。[Split View] をタップし、次に表示されるボタンでこのアプリを左右のどちらに表示するかをタップして選びます。

► Split Viewのその他の操作を知る

1 Appスイッチャーでドラッグする

Appスイッチャーを表示します（25ページ参照）❶。アプリのウインドウをドラッグして別のアプリに重ねます❷。

❶ Appスイッチャーを表示します

❷ ドラッグします

2 Split Viewになった

Split Viewになりました。タップするとSplit Viewの状態で表示されます❸。

❸ タップして全画面で表示します

3 AppスイッチャーでSplit Viewをやめる

Split Viewになっているウインドウをアプリとアプリの間へドラッグします❹。

❹ ドラッグします

4 3つのアプリを同時に開く

2つのアプリをSplit Viewにします。下から少しスワイプしてDockを表示し**⑤**、アイコンをSplit Viewの区切り線にドラッグします**⑥**。これで3つめのアプリがSlide Overになります。

⑤ スワイプしてDockを表示します

⑥ ドラッグします

▶ ドラッグ&ドロップ操作をする

1 写真を選択する

「メモ」アプリで写真を入れたいページを表示します**①**。「写真」アプリを [日別] か [すべての写真] の表示にします。写真を長く押すと、浮き上がったような表示になります**②**。「写真」アプリの表示については180ページを参照してください。

> **Point テキストをドラッグ&ドロップする**
>
> テキストの場合は、テキストを選択 (88ページ参照) してから長く押して、ドラッグ&ドロップします。

① 「メモ」のページです

② 長く押します

2 ドラッグ&ドロップする

浮き上がった状態のまま、メモのページへドラッグします**③**。■が表示されたら指を離します。これで、写真がメモのページに挿入されます。

> **Point Slide Overでもできる**
>
> ここではSplit Viewでドラッグ&ドロップ操作を解説しましたが、Slide Overでもドラッグ&ドロップできます。また、対応しているほかのアプリでもできます。

③ ドラッグします

Chapter 2［アイコンからの操作］

アプリのアイコンから操作するには

アプリのアイコンを長く押して、よく使う機能を選択したり、1つのアプリで複数のウインドウを使ったりすることができます。ここでは「メモ」アプリで解説します。この操作で利用できる機能は、アプリにより異なります。

基本 ●──── 応用
趣味 ────● 実用

1 アイコンからメニューを表示する

［メモ］を長く押すとメニューが表示されます❶。メニューの項目をタップして新規メモの作成などをすることができます。
1つのアプリのウインドウを複数開いて、切り替えながら使うこともできます。このメニューから［すべてのウインドウを表示］をタップします❷。

❶ 長く押します
❷ タップします

 Point アイコンを並べ替える

このメニューの中にある［ホーム画面を編集］は38ページで解説します。

2 新しいウインドウを開く

現在開いているメモが表示されます❸。［+］をタップします❹。

❸ 現在開いているメモです
❹ タップします

3 新しいウインドウで作業をする

「メモ」アプリの新規ウインドウが開きます❺。新規メモを作成したり、既存のメモを開いたりします。「メモ」アプリの使い方は106ページを参照してください。再び手順1の操作をすると開いているウインドウがすべて表示され、使いたいウインドウをタップして選択できます。

❺ メモの作業をします

4 Dockのアイコンから操作する

「メモ」アプリの画面のままDockを表示し（25ページ手順1参照）、[メモ]を長く押して❻、メニューの[すべてのウインドウを表示]をタップします❼。

❻ 長く押します

❼ タップします

5 シェルフを操作する

画面下部にシェルフが表示されます❽。別のウインドウをタップして開いたり❾、[＋]をタップして新規ウインドウを開いたりできます❿。使わないウインドウを上へスワイプして閉じることもできます⓫。

❽ シェルフです

❾ タップして開きます

❿ タップして新規ウインドウを開きます

⓫ スワイプして閉じます

 Point シェルフの利用

シェルフは「メモ」アプリの機能ではなく、対応しているほかのアプリでも利用できます。アプリの状況に応じてシェルフが自動で、または別の操作で表示されることがあります。

Chapter 2 ［アプリのダウンロード］

App Storeからアプリを
ダウンロードするには

Pro **Air** **iPad** **mini**

自分の用途や楽しみ方に合うアプリをインストールしてこそ、iPadは
最大限に活用できます。App Storeでアプリを見つけましょう。無料
のアプリもたくさんあります。

基本 ●———————— **応用**
趣味 ————●———— **実用**

---

1 「App Store」を起動する

ホーム画面で［App Store］をタップして
起動します❶。位置情報の利用を確認す
るメッセージが表示されたら、いずれかを
タップします❷。どれでも構いません。

❶「App Store」を
起動します

❷ いずれかをタップします

---

2 リンクをたどって見つける

［Today］、［ゲーム］、［App］のいずれか
をタップします❸。上下や左右にスワイ
プしてスクロールできます。気になる項
目をタップして、リンクをたどります❹。
［Today］では人気のアプリや新しいアプ
リ、季節に合うアプリなどが紹介されてい
ます。毎日更新されています。

 ［Arcade］とは？

下部の［App］の右隣にある［Arcade］
（アーケード）は、月額600円で遊び放題
のゲームのサービスです。価格については
222ページのコラム「Apple One」も参照
してください。

❸ いずれかをタップします

❹ 気になる項目をタップして
見ていきます

検索して見つける

手順2の画面の右下にある[検索]をタップします。フィールドをタップし、アプリ名やキーワードを入力します❺。表示された候補をタップするか❻、⏎ をタップします❼。

Point iPhone用のアプリ

iPhone用のアプリをiPadにインストールできます。手順4の図で左上にある[フィルタ]をタップし、メニューが表示されたら[サポート]をタップして[iPhoneのみ]をタップすると、iPhone用のアプリが表示されます。

❺ タップしてキーワードを入力します

❻ 候補のいずれかをタップするか

❼ タップして検索結果を表示します

検索結果から探す

検索結果が複数ある時は、上下にスワイプしてスクロールできます。詳細を確認したい場合はアイコンをタップします❽。

Point ここからすぐにダウンロードできる

詳細を確認せずにすぐダウンロードする場合は、[入手]または金額の書かれたボタンをタップします。

❽ タップします

アプリをダウンロードする

目的のアプリのページが表示されたら、[入手]または金額の書かれたボタンをタップします❾。この後、確認のメッセージやApple IDでのサインインなど、画面の指示に従ってダウンロードします。

Point 携帯回線の使用

Wi-Fi＋CellularモデルのiPadで、Wi-Fiに接続していない時は、携帯回線でアプリをダウンロードすることになります。「設定」の[App Store]で、携帯回線でアプリをダウンロードする前に確認するかどうかを設定できます。

❾ タップします

Chapter 2 ［アプリのアップデート］

アプリを
アップデートするには

Pro　Air　iPad　mini

アプリは、機能の追加や不具合の修正などのために新しいバージョンが公開されることがしばしばあります。最新版を入手することを「アップデート」といいます。

基本 ├──●──┼──┤ 応用
趣味 ├──┼──●──┤ 実用

1 アップデートの通知がアイコンでわかる

iPadにインストールされているアプリのアップデートが公開されると、[App Store]のアイコンにアップデートの件数を示す赤い小さい丸が付きます。このアイコンをタップして起動します❶。

Point アップデートのほとんどは無料

購入時は有料のアプリでも、アップデートは無料である場合がほとんどです。

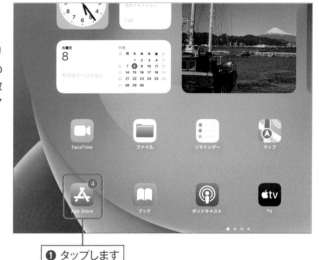

❶ タップします

2 すべてのアプリをアップデートする

アカウントのアイコンにアップデートの件数が表示されています。ここをタップします❷。すべてのアプリをアップデートするなら、[すべてをアップデート]をタップします❸。この後、ダイアログが開いた場合はApple IDのパスワード、または指紋か顔で認証します。

❷ タップします

❸ タップします

３ アプリを１つずつ確認する

アップデートの内容を確認したい時は、項目をタップします❹。

❹ タップします

４ このアプリをアップデートする

詳細が表示されるので、アップデートの内容を確認します❺。さらにさかのぼって確認したい場合は［バージョン履歴］をタップします❻。［アップデート］をタップしてアップデートします❼。

❺ 確認します

❻ さかのぼって確認したい場合にタップします

❼ タップしてアップデートします

Point アプリの自動アップデート

アプリを自動アップデートする設定もあります。「設定」の［App Store］をタップし❶、［Appのアップデート］のスイッチをタップしてオンにします❷。ただしWi-Fi＋Cellularモデルの場合、モバイルデータ通信の［自動ダウンロード］がオンになっていると、Wi-Fiに接続していない時に携帯電話回線でアップデートされるため、通信量が増えることに注意してください。

❶ タップします

❷ タップしてオンにします

Chapter 2［ホーム画面の整理］

ホーム画面を整理するには

App Storeでアプリをダウンロードしてホーム画面のアイコンが増えたら、アイコンを並べ替えたり、使わないアプリを削除したり、フォルダにまとめたりして、使いやすいように整理しましょう。

基本 ●━━┼━━━━┤ 応用

趣味 ├━━━━┼━●━━┤ 実用

▶ 並べ替え、削除、フォルダ作成をする

1 ホーム画面のページを移動する

アプリが増えると自動でホーム画面のページが増えます。アイコンのないところを左右にスワイプしてページを移動できます❶。Dockの上の点が並んでいる部分をドラッグするとすばやく移動できます❷。ホームボタンを押すか、画面の下部から上へ勢いよくスワイプすると、ホーム画面の1ページめに戻ります❸。

❶ スワイプして移動します

❷ ドラッグして移動します

❸ スワイプするかホームボタンを押して1ページめに戻ります

2 アイコンの並べ替えを始める

任意のアイコンを長く押します❹。メニューが表示されたら［ホーム画面を編集］をタップします❺。または、アイコンのないところを長く押します。

Point インストールしたアプリのアイコン

「設定」の［ホーム画面とマルチタスク］をタップすると、App Storeから新たにインストールしたアプリのアイコンを、ホーム画面に追加するかAppライブラリにだけ追加するかを設定できます。Appライブラリについては42ページを参照してください。

❹ 長く押します

❺ タップします

ホーム画面を編集

App を共有

App を削除

3 並べ替えや削除をする

アイコンが揺れ、⊖が付きます❻。この状態でアイコンをドラッグして移動できます❼。ページの左右の端へドラッグすると、前のページや次のページに移動します。アプリを削除するには、⊖をタップし❽、確認のメッセージが表示されたら［Appを削除］をタップし、さらに次の確認のメッセージで削除します。移動や削除が終わったら、右上の［完了］をタップ、またはホームボタンを押して確定します。

❻ アイコンが揺れて⊖が付きます

❼ ドラッグして移動します

❽ タップして削除できます

4 ドラッグして重ねる

関連のあるアプリはフォルダにまとめて整理できます。前ページ手順2の操作で揺れている状態にしてから、アイコンをドラッグして別のアイコンに重ねます❾。

 Dockのアイコンも入れ替えられる

Dockのアイコンも移動の操作で入れ替えられます。ホーム画面のどのページでもDockは常に表示されているので、よく使うアプリを置いておくと便利です。

❾ 揺れているアイコンをドラッグして別のアイコンに重ねます

5 フォルダが作られる

フォルダが作られます❿。別のアイコンをこのフォルダにドラッグして入れることができます⓫。フォルダ名はアプリの種類から自動で付けられますが、変更するにはフォルダをタップします⓬。

❿ フォルダが作られました

⓫ ドラッグしてフォルダに追加できます

⓬ タップします

6 フォルダの名前を変更する

フォルダが開きます。名前の部分をタップすると、変更できます⓭。

⓭ タップしてから
変更します

7 フォルダから
アイコンを取り出す

中のアイコンが揺れている状態で外へドラッグすると、フォルダから取り出されてホーム画面に直接置かれた状態に戻ります⓮。

⓮ ドラッグして
取り出せます

 **フォルダそのものを
削除するには？**

すべてのアイコンを取り出すと、フォルダはなくなります。

8 フォルダの中のアプリを使う

フォルダの中のアプリを使うには、フォルダをタップして開いてから、その中のアイコンをタップして起動します⓯。

⓯ フォルダの中のアイコンを
タップして起動します

▶ 複数のアイコンを選択する

1 2本の指先で操作する

複数のアイコンを選択していっぺんに移動できます。iPadを机などに置き、両手で操作するとよいでしょう。アイコンが揺れている状態にします①。選択したいアイコンのひとつを、押したまま少しだけ動かします②。そのアイコンを押したまま、別の指で2つめのアイコンをタップします③。

❶ アイコンが揺れている状態です

❷ 少しだけ動かします。これを押したまま

❸ 別の指先でタップします

2 アイコンを追加する

これで2つのアイコンが選択され、②と表示されました④。このアイコンを押したまま別のアイコンをタップすると、選択項目として追加されます⑤。指を離さずにこのまま画面の左右の端へドラッグして別のページへ移動したり、フォルダにドラッグして入れたりすることができます。

❹ 選択されているアイコンの数です

❺ 別のアイコンをタップして追加できます

▶ アプリなどを検索する

1 検索機能を表示する

アプリが増えてくるとすぐに見つからないことがあるかもしれません。そのような場合には、検索して起動できます。ホーム画面の何ページ目が表示されていても構いません。ホーム画面で下へスワイプします①。最近使ったアプリなどが候補として表示され、タップして起動できます②。

❶ スワイプします

❷ タップして起動できます

アプリを検索する

条件を入力します❸。条件に合うアプリ
が検索され、タップして起動できます❹。

❸ タップしてから
入力します

❹ タップして
起動できます

Point さまざまな情報が検索される

この方法で検索すると、iPadにインストー
ルされているアプリだけでなく、iPad内
のメールやメッセージ、カレンダーのイベ
ント、連絡先、書類に加え、インターネット
上の情報なども検索されます。タップして
その項目を開くことができます。

► Appライブラリを使う

Appライブラリを開く

ホーム画面の最後のページでさらに左へ
スワイプするか❶、DockにあるAppラ
イブラリのアイコンをタップします❷。
Appライブラリのアイコンをタップする
場合は、ホーム画面の何ページめが表示
されていても構いません。

❶ 最後のページでスワイプするか

❷ タップします

Appライブラリを使う

Appライブラリが表示され、アプリが自
動で分類されています。大きいアイコンを
タップすると起動します❸。小さいアイコ
ンの部分をタップすると、この分類のアプ
リがすべて表示されます❹。

Point ホーム画面から取り除く

38ページ手順2のメニューで［Appを
削除］をタップし、次に開くメッセージで
［ホーム画面から取り除く］をタップする
と、ホーム画面には表示されなくなります
が、Appライブラリには表示され、ここか
ら起動できます。

❸ タップして起動します   ❹ タップしてこの分類を開きます

アプリの名前から見つける

検索フィールドをタップすると❺、名前順のリストが表示され、タップして起動できます❻。アプリ名の一部やキーワードを入力して検索することもできます❼。

> **Point** **Appライブラリにだけあるアイコンをホーム画面に追加する**
>
> インストール時にAppライブラリにだけ追加したり（38ページ参照）、手順2のコラムの操作でホーム画面から取り除いたりしたアプリは、Appライブラリでアイコンを長く押し、メニューの［ホーム画面に追加］をタップすると、ホーム画面に表示されます。

❺ タップします

❻ タップして起動できます

❼ 入力すると検索されます

ホーム画面のページを並べ替える

並べ替えを始める

38ページ手順2の操作でアイコンが揺れている状態にします❶。Dockの上の点が並んでいる部分をタップします❷。

❶ アイコンが揺れている状態です

❷ タップします

 ページの並べ替えや非表示の設定をする

ホーム画面のページの一覧が表示されます。ドラッグして並べ替えられます❸。チェックマークをタップしてチェックをはずすと、このページは非表示になります❹。並べ替えや非表示の設定が終わったら［完了］をタップします❺。

> **Point** **非表示にしたページのアプリ**
>
> ページを非表示にしても、再度チェックを付ければ表示されます。また、非表示にしたページのアプリは、Appライブラリから起動できます。

❸ ドラッグして並べ替えます

❹ タップしてチェックをはずすと非表示になります

❺ 設定が終わったらタップします

Chapter 2 ［ウィジェット］

よく使う情報を
表示するには

ホーム画面や「今日の表示」のウィジェットで、さまざまな情報を見たり、アプリをすぐに起動したりすることができます。

基本 ├──●──┼──┤ 応用

趣味 ├──┼──┼──●──┤ 実用

► ウィジェットを使う

1 ホーム画面に
ウィジェットがある

初期設定ではホーム画面の1ページめに、時計などいくつかの情報が表示されています。これらの項目を「ウィジェット」といいます❶。

❶ ウィジェットが表示されています

2 「今日の表示」を表示する

ホーム画面の1ページ目を右へスワイプすると❷、「今日の表示」という領域が表示され、ここにもウィジェットがあります❸。左へスワイプすると「今日の表示」は隠れます❹。

❷ スワイプすると

❸ 表示されます

❹ スワイプすると隠れます

3 アプリのウィジェットを使う

ウィジェットを見て情報をすぐに確認できるだけでなく、アプリのウィジェットをタップすると、そのアプリが開きます**⑤**。

⑤ タップするとアプリが開きます

4 スマートスタックを使う

初期設定で右の方にある2つは「スマートスタック」で、複数のアプリの情報が重なっています。上下にスワイプすると、アプリが切り替わります**⑥**。

⑥ 上下にスワイプします

▶ ウィジェットの設定を変える

1 メニューを表示して編集を始める

ここでは「天気」ウィジェットを例にとって解説します。このウィジェットを長く押し**①**、メニューが表示されたら["天気"を編集]をタップします**②**。

① 長く押します

"天気"を編集

スタックを編集

ホーム画面を編集

スタックを削除

② タップします

2 地名を設定する

地名が書かれたところをタップします❸。
この後、地名を検索する画面が開くので、
天気を表示したい場所を設定します❹。
その後、画面の何もないところをタップす
ると設定した地名が確定します。

❸ タップします

❹ 次に開く画面で
地名を設定します

▶ ウィジェットの並べ替え、削除、追加をする

1 ウィジェットの並べ替えや削除をする

38ページ手順2の操作でアイコンが揺れ
ている状態にし❶、ウィジェットをドラッ
グして移動します❷。ホーム画面の2ペー
ジめ以降に移動することもできます。
をタップし❸、[削除]をタップするとウィ
ジェットを削除できます❹。

Point 「今日の表示」でも同様

「今日の表示」でも同様に、アイコンが揺れ
ている状態でウィジェットを並べ替えた
り削除したりできます。

❶ アイコンが揺れている状態です

❷ ドラッグして移動します

❸ タップします

❹ タップします

2 ホーム画面にウィジェットを追加する

ウィジェットを追加するには、アイコンが
揺れている状態で左上にある[+]をタッ
プします❺。追加したいウィジェットを
タップします❻。ここでは例として[App
Store]をタップします。

❺ ここにある[+]をタップします

❻ タップします

3 ウィジェットの形式を選んで追加する

左右にスワイプするとウィジェットの形や大きさ、表示される内容を選べます❼。好みのものを表示して［ウィジェットを追加］をタップします❽。

❼ スワイプして選びます

❽ タップします

4 「今日の表示」にウィジェットを追加する

アイコンが揺れている状態で「今日の表示」を表示し、左上の［＋］をタップします❾。この後、手順2〜3と同様に追加します。さらに別のアプリのウィジェットを追加する場合は、いちばん下へスクロールして［カスタマイズ］をタップします❿。

❾ タップして、ホーム画面と同様に追加します

100%

❿ またはタップします

5 追加する項目を選ぶ

追加したい項目の ⊕ をタップします⓫。終わったら［完了］をタップします⓬。

⓫ タップします

⓬ タップします

Chapter 2 ［Apple ID］

支払いやダウンロードの設定をするには

有料アプリや音楽などの支払い方法は、主にクレジットカードとギフトカード（プリペイドカード）の2種類です。また、複数のデバイスで同じApple IDを使い、アプリを自動ダウンロードすることができます。

基本 ●———— 応用

趣味 ●———— 実用

▶ サインアウトやアカウントの確認をする

1 サインアウトする

ホーム画面で［設定］をタップして起動します❶。自分の名前の部分をタップします❷。［メディアと購入］をタップすると、メニューが表示されます❸。別のアカウントを使いたいなどの理由でサインアウトするには［サインアウト］をタップします❹。

❷ タップします

❶「設定」を起動します

❸ タップします

❹ タップしてサインアウトします

2 パスワードを忘れてしまったら

手順1のメニューで［アカウントを表示］をタップし、指紋や顔、パスワードを求められたら認証します。すると、この画面になります。［Apple ID］をタップします❺。この後、Webブラウザアプリの「Safari」でApple IDを管理するWebページが開き、パスワードの再設定ができます。

Point パスワードを要求するタイミングを設定する

手順1のメニューで［パスワードの設定］をタップすると、アプリを購入する時にパスワードの入力を求めるタイミングを設定できます。

❺ タップします

► クレジットカードで支払う

1 アカウントを表示する

有料アプリや音楽などを購入したり映画をレンタルしたりするために、クレジットカード情報を登録する手順を紹介します。前ページ手順1のメニューで［アカウントを表示］をタップします。［お支払い方法を管理］をタップします❶。

2 支払い方法を追加する

右図の画面が開いた場合は、［お支払い方法を追加］をタップします❷。

3 クレジットカード情報を登録する

［クレジット／デビットカード］をタップします❸。クレジットカード番号などを入力し❹、［完了］をタップします❺。今後購入する有料アプリや音楽などの代金は、このクレジットカードから支払われます。

Apple Gift Cardで支払う

1 「App Store」でアカウントを表示する

Apple Gift CardはApple Store、家電量販店、コンビニ、スーパーなどで購入できます。「App Store」を起動します❶。🔲をタップします❷。

❶「App Store」を起動します

❷ タップします

2 コードの登録を始める

[ギフトカードまたはコードを使う] をタップします❸。この後、ダイアログが開いた場合は認証します。

❸ タップします

3 カードに記載のコードを入力する

[カメラで読み取る] をタップするとカメラで撮影する画面になるので、カードに書かれているコードを写します❹。[手動でコードを入力] をタップしてコードを入力することもできます❺。

Point どちらから登録してもよい

「App Store」と「iTunes Store」のどちららから登録しても、アプリと音楽のどちらの支払いにも利用できます。

❹ タップしてカメラで読み取るか

❺ タップしてキーボード入力します

4 「iTunes Store」でも登録できる

「iTunes Store」アプリを起動します❻。[ミュージック] または [映画] をタップし❼、いちばん下へスクロールします❽。[コードを使う] をタップすると手順3と同様の画面になります❾。

❼ いずれかをタップします

❽ いちばん下へスクロールします

❻ 「iTunes Store」を起動します

❾ タップします

▶ 自動ダウンロードを設定する

1 iPadで設定する

同一の Apple ID を使って複数のデバイスで自動ダウンロードの設定をしておくと、いずれかでアプリを入手した時に、ほかのデバイスにも同じアプリが自動でダウンロードされます。iPadではホーム画面で [設定] をタップし❶、起動したら [App Store] をタップします❷。[App ダウンロード] のスイッチをタップしてオンにします❸。

❶ 「設定」を起動します

❷ タップします

❸ タップしてオンにします

2 iPhoneでも設定する

iPhoneでも「設定」を開き、[App Store] をタップします❹。[App ダウンロード] のスイッチをタップしてオンにします❺。

❹ 「設定」の [App Store] を開きます

❺ タップしてオンにします

Chapter 2 ［AirDrop］

簡単にデータを 送受信するには

Pro　Air　iPad　mini

AirDropは近くにあるiPad、iOSデバイス、Macの間でデータを送受信できる便利な機能です。「写真」アプリで解説しますが、共有のシートに［AirDrop］が表示されるアプリなら操作は同じです。

基本 ├─────●──┤ 応用

趣味 ├──────●─┤ 実用

1 受信側で設定する

受信側は、126～127ページの操作で、コントロールセンターの通信に関する設定を表示します❶。［AirDrop］をタップします❷。

❶ コントロールセンターの設定を表示します

❷ タップします

2 受信できるようにする

［連絡先のみ］または［すべての人］をタップして有効にします❸。

Point ［連絡先のみ］を使用するには

受信側も送信側もiCloudにサインインしている必要があります。また、受信側の「連絡先」アプリに、送信側のApple ID（メールアドレス）または携帯電話番号が登録されている必要があります。双方のデバイスが同じApple IDでiCloudにサインインしている場合も［連絡先のみ］を使用できます。

❸ どちらかをタップします

3 送信側で共有を開始する

送信側は「写真」アプリで写真を表示します❹。⬆をタップします❺。シートが開いたら[AirDrop]をタップします❻。

❹「写真」アプリで写真を表示します

❺ タップします

❻ タップします

4 送信先を選ぶ

近くでAirDropを有効にしているデバイスが表示されます。送りたい相手をタップします❼。

❼ タップします

Point 知らない人から見えないようにする

AirDropを[すべての人]にしたままだと、知らない人のデバイスのAirDropに表示されてしまいます。受信が終わったら手順2の画面で[受信しない]に戻しましょう。また、iPadOS 16.2では[すべての人]にしてから10分経つと自動で[連絡先のみ]になります。

5 送受信される

受信側には確認のメッセージが表示されます。[受け入れる]をタップすると、送受信が始まります❽。受信側の「写真」アプリに自動で保存されます。

❽ タップします

Point 確認のメッセージが表示されない場合がある

双方のデバイスが同じApple IDでiCloudにサインインしている場合は確認のメッセージは表示されず、すぐに送受信が始まります。

Chapter 2 ［共有］

アプリから
データを送るには

52〜53ページで共有アイコンからAirDropでデータを送受信する方法を解説しましたが、AirDrop以外にも共有する方法はたくさんあります。

基本 ├──┼──●──┤ 応用
趣味 ├──┼──●──┤ 実用

1 共有を開始する

本書では「写真」アプリを例にとって解説します。どのアプリでも使い方の基本は同じです。送りたい写真を開き❶、□ をタップします❷。送りたいアプリのアイコンが表示されていればタップします。ここでは例として［メモ］をタップします❸。

Point 位置情報などを含めずに共有する

上の方にある［オプション＞］をタップすると位置情報などを含めずに共有できます。共有相手やSNSに情報を送りたくない場合に利用しましょう。

❶ 写真を開きます

❷ タップします

❸ タップします

2 メモの設定をして保存する

メモの新規ページにするか、ほかのメモに追加するかをタップして指定します❹。文章を入力して一緒に送ることもできます❺。［保存］をタップします❻。これで「メモ」アプリに保存されます。

❹ タップしてメモのページを指定します

❺ 文章を入力できます

❻ タップします

③ メールに添付して送る

手順1の画面で［メール］をタップすれば
❼、この写真を添付したメールを送ること
ができます❽。

❼ 手順1の画面で［メール］をタップします

❽ 写真をメールに
添付して送れます

Point 共有の便利な使い方

たとえばWebブラウザの「Safari」で買
いたいものを見つけたら「リマインダー」
に共有して忘れないようにしたり、「マッ
プ」アプリから現在地や目的地をほかの人
に送るなど、便利な使い方がたくさんあり
ます。

④ ほかのアプリに送る

手順1の画面に送りたいアプリのアイ
コンがない時は、右端にスクロールして［そ
の他］をタップします❾。この後、アプリ
のリストが表示されるので、タップして選
択します。ただしすべてのアプリに送れる
わけではなく、対応しているアプリに限り
ます。

❾ タップします

⑤ アプリに送る以外の
方法もある

ほかのアプリに送る以外の方法も、手順4
の画面の下の方にあります。タップして選
択します❿。ここに表示される項目は、共
有元のアプリやiPadにインストールされ
ているアプリにより異なります。

❿ さまざまな活用方法があります

Chapter 2 ［印刷］

印刷するには

撮影した写真や保存されている書類、WebページなどをiPadから印刷するには2つの方法があります。iPadOSの機能を利用する方法と、各メーカーのプリンタ専用アプリを使う方法です。

基本 ●──── 応用

趣味 ────● 実用

---

1 iPadOSの機能を利用して印刷する

iPadOSの機能を利用して印刷するには、Wi-Fi（無線LAN）を搭載し、「AirPrint」に対応したプリンタが必要です。「Safari」や「メール」など、ほとんどのアプリから印刷できます。

Point プリンタメーカーのアプリを使う

ここで紹介する方法のほかに、App Storeからプリンタメーカーが公開している専用アプリを入手し、そのアプリから印刷する方法もあります。複合機のプリンタでは、専用アプリからスキャナの機能を使えることもあります。

---

2 印刷を始める

アプリでプリントしたいものを表示します。この図は「Safari」です。□をタップし❶、下へスクロールして［プリント］をタップします❷。

Point 同じWi-Fiネットワークに接続

iPadOSの機能とプリンタ専用アプリのどちらから印刷する場合も、iPadとプリンタを同じWi-Fiネットワークに接続します。

❶ タップします

❷ タップします

3 プリンタを選択する

初めて使う時はプリンタを選択します。[プリンタ] をタップすると❸、同じネットワーク内にあるAirPrint対応プリンタが表示されるので、タップして選択します❹。

❸ タップします

❹ タップします

4 印刷を実行する

印刷部数を − + をタップして設定します❺。そのほかの項目をタップして設定します❻。[プリント] をタップすると印刷が始まります❼。

❺ タップして部数を指定します

❻ タップして設定します

❼ タップして印刷します

5 印刷を確認する

印刷中にホームボタンを2回すばやく押すか、画面のいちばん下から上へスワイプするとAppスイッチャーの画面になり❽、[プリントセンター] があります。これをタップすると、印刷の状況を確認したり、途中でキャンセルしたりすることができます❾。確認やキャンセルの必要がなければ、[プリントセンター]を表示しなくて構いません。

❽ Appスイッチャーを表示します

❾ タップして印刷の確認やキャンセルができます

Chapter 2 ［Siri］

Siriを使って
音声で操作するには

「Siri（シリ）」はパーソナルアシスタント機能の名前です。話し言葉を
聞き取って、最適と思われる結果を返します。

基本 |———●———| 応用

趣味 |———————●| 実用

1 Siriの設定をする

「設定」の［Siriと検索］をタップします❶。
Siriを起動するための方法として、［"Hey
Siri"を聞き取る］と［トップボタン（また
はホームボタン）を押してSiriを使用］の
どちらか、または両方をオンにします❷。
"Hey Siri"を初めてオンにする時は、自分
の声と話し方を登録する画面が開きます。

**Point ロック中でも
操作できてしまう！**

［ロック中にSiriを許可］をオンにしている
と、パスコードを入力しなくてもSiriを利
用できます。たとえば「今日の10時から会
議」と話しかけると「カレンダー」アプリに
予定が作成されます。ほかの人にこのよう
な操作をされたくなければ、オフにしてお
きましょう。

❶ タップします　　❷ 使うものをオンにします

2 Siriを起動して話しかける

手順1の設定に応じて、「Hey Siri（ヘイ、
シリ）」と話しかけるか、トップボタンまた
はホームボタンを長く押してSiriを起動し、
話しかけます❸。答えが返ってきた後、そ
の答えをタップすると該当するアプリが起
動し、詳しい情報を見ることができます❹。

Point 続けて別の質問をする

答えが返ってきた後で右下のSiriのアイ
コンをタップすると、別の質問を話しか
けることができます。

❹ タップしてアプ
リを起動します

❸ Siriを起動して
話しかけます

3 Siriでできることを調べる

「何ができるの？」と話しかけ❺、答え
が返ってきたらタップします❻。すると
「Safari」でAppleのWebページが開き、
話しかけ方の例を見ることができます。ま
た、ホーム画面でSiriを使っている時に、
たとえば「カレンダーで何ができるの？」
のように「(アプリ名)で何ができるの？」
と話しかけて調べることもできます。

❺「何ができるの？」と
話しかけます

SIRI
Siriがお手伝いできます
リマインダーを設定したり、天気を調べたり、FaceTime
コールをかけたりできます。
詳しくはapple.com/pr/siriへ

❻ タップすると話しかけ方を
見ることができます

4 位置情報を利用する

「近くのイタリアンレストランは？」など、
位置情報に関連する検索にも利用できま
す。この使い方をするには「設定」の[プラ
イバシーとセキュリティ]をタップし❼、
[位置情報サービス]をタップします❽。

 アプリを使っている時でもOK

手順2と3ではホーム画面でSiriを使っ
ている図を掲載していますが、アプリを
使っている時もSiriを起動して使うこと
ができます。

❼ タップします

❽ タップします

5 位置情報の利用を許可する

[Siriと音声入力]をタップします❾。次の
画面で[このAppの使用中]をタップして、
Siriで位置情報を利用できるようにしま
す❿。

❾ タップします

❿ 次の画面で許可します

Chapter 2 ［スクリーンショット］

画面をそのまま記録するには

Pro　Air　iPad　mini

画面に表示されている内容を記録しておきたい時に、画面をそのまま写真に撮るかのように保存することができます。これを「スクリーンショット」と言います。

基本 ──●──┼──┼── 応用

趣味 ├──┼──┼●─┤ 実用

---

1 本体の2つのボタンを押す

記録したい画面が表示されている状態で、トップボタンとホームボタンを同時に押します。ホームボタンがないiPadでは、トップボタンと音量ボタンのどちらかを同時に押します❶。

❶ 2つのボタンを同時に押します

Point スワイプして記録する

画面の左下か右下から斜め上へスワイプして記録することもできます。どちらの隅からスワイプするか、この操作にApple Pencilだけを使うか指も使うかは「設定」の［一般］→［ジェスチャ］で設定します。スワイプの操作をすると、次ページ手順3の画面になります。

---

2 このまま保存するか縮小表示をタップする

記録され、左下隅に縮小された画面が表示されます。操作せずに少し待っていると、この画像が「写真」アプリに保存され、縮小表示は消えます❷。保存する前に加工したい時は、この縮小表示をタップします❸。

❷ このまま待つと自動保存されます

❸ 加工する時にタップします

3 加工する

枠をドラッグすると、周囲を切り取ることができます④。⒜をタップしてから⑤、筆記具や色をタップして選択し⑥、ドラッグしてメモなどを書き込むこともできます⑦。

④ 枠をドラッグして
周囲を切り取ります

⑤ ⒜をタップ
します

⑥ 筆記具や色をタップ
して選択します

⑦ ドラッグして書きます

4 保存する

加工が終わったら［完了］をタップし⑧、［"写真"に保存］をタップします⑨。

⑧ タップします

⑨ タップします

 Point 保存せずに削除する

思い通りに記録されていない場合は、ここで［1枚のスクリーンショットを削除］をタップすれば、「写真」アプリには保存されず、削除されます。

5 「写真」アプリで見る

このようにして記録したスクリーンショットは「写真」アプリに保存されます。「写真」アプリを起動し、［ライブラリ］または［スクリーンショット］をタップすると⑩、保存したスクリーンショットを見ることができます⑪。「写真」アプリの詳細はChapter 6を参照してください。

⑩ どちらかを
タップします

⑪ スクリーンショットが
保存されています

Chapter 2 ［通知］

アプリから
通知を受けるには

Pro　Air　iPad　mini

新しいメールやメッセージが届いた、「リマインダー」で設定した日時に
なったなどの通知を受けることができます。

基本 ────●──┼──── 応用

趣味 ──┼───●─┼── 実用

1 通知を受けるかどうか決める

アプリを初めて起動した時に、このような
メッセージが表示されることがあります。
通知を受けるには、［許可］をタップしま
す❶。この設定は後から変更できます（68
ページ参照）。

❶ 通知を受けるなら
ここをタップします

2 通知がバナーで表示される

通知を受ける設定にしたアプリからの通
知があると、画面の最上部に表示されま
す❷。これをバナーと呼びます。タップす
るとそのアプリに切り替わり、通知された
内容を表示できます❸。

❷ 通知は最上部に
表示されます

❸ タップするとこの通知の
アプリに切り替わります

3 バナーから返信する

アプリによっては、バナーから操作ができます。たとえば「メッセージ」アプリの通知は、下方向へ少しドラッグすると返信欄が表示され❹、アプリを切り替えなくても返信できます❺。アプリにより、バナーからできる操作は異なります。

❹ ドラッグします　❺ ここから返信できます

4 自動で消えないバナーもある

バナーには、少し経つと自動で消えるタイプと消えないタイプがあります。どちらのタイプも、上へスワイプすると消えます❻。どちらのタイプにするかは選択できます。68ページを参照してください。

❻ スワイプすると消えます

5 ロック画面に通知されることもある

ロック画面でこのように表示されることもあります。通知をタップし、ロックを解除すると、このアプリが開いて内容を見ることができます❼。

 通知に内容を表示しない

セキュリティやプライバシーの保護のため、通知の内容を表示しない設定にすることができます。「設定」の［通知］で、［プレビューを表示］をタップして設定します。

❼ タップしてロック解除するとアプリを確認できます

Chapter 2 ［通知センター］

通知を
まとめて見るには

受けた通知を、通知センターでまとめて見ることができます。通知センターは、どのアプリを使っている時でも表示できます。通知からアプリを開いたり、通知に関する設定を変更したりする機能があります。

基本 ├──●──┤ 応用
趣味 ├────●─┤ 実用

---

1 通知センターを表示する

どのアプリを使っている時でも、画面のいちばん上から下へスワイプすると通知センターが表示されます❶。これまでに受けた通知のうち、通知センターに表示する設定にしているアプリ（68ページ参照）の通知が表示されます。通知センターから通常の画面に戻るには、画面のいちばん下から上へスワイプします❷。または、ホームボタンのあるiPadではホームボタンを押します。

Point ロック画面の
通知の操作も同様

ここでは通知センターの操作を解説していますが、ロック画面に表示されている通知も同様に操作できます。

❶ スワイプして通知センターを表示します

11月21日 月曜日
13:42

即時通知
リマインダー
人事部に連絡　　　　　　22分前

通知センター　　　　　　　×

リマインダー
期限を超過しているリマインダーがあります　22分前

本日の芸能ニュース　　　　1時間前
窪田正孝、自然と"妻"水川あさみとの惚気になり照れ

グノシー　　　　　　　　　1時間前
▶ ビッグダディ元妻・美奈子、20歳長女の離婚を報告 今後は2人...
▶ すみれ 母・松原千明さん追悼「永遠にあなたを愛している」 フ...
▶ 交際中の男性の頭を瓶で殴る...39歳女を逮捕 男性は「浮気...

❷ スワイプして通常の画面に戻ります

---

2 通知を見る

初期設定では通知は自動でアプリごとにグループ化され、重なっているように表示されます❸。重なっている通知をタップするとこのアプリの通知がすべて表示されます❹。重なっていない通知をタップするとそのアプリに切り替わります❺。ただし63ページ手順5のコラムで解説した設定でプレビューの表示を「しない」にしている場合、重なった通知をタップするとそのアプリに切り替わります。

❸ 通知がグループ化され重なっているように表示されます

即時通知
リマインダー
人事部に連絡　　　　　　24分前

通知センター　　　　　　　×

リマインダー
期限を超過しているリマインダーがあります　24分前

本日の芸能ニュース　　　　1時間前
窪田正孝、自然と"妻"水川あさみとの惚気になり照れ

グノシー　　　　　　　　　1時間前
▶ ビッグダディ元妻・美奈子、20歳長女の離婚を報告 今後は2人...
▶ すみれ 母・松原千明さん追悼「永遠にあなたを愛している」 フ...
▶ 交際中の男性の頭を瓶で殴る...39歳女を逮捕 男性は「浮気...

即時通知
最新ニュースラインナップ　1時間前
◆寺田氏総務相辞任決定 岸田首相 松本剛明元外相を総務相に起用

❹ タップしてすべて表示します

❺ タップするとこのアプリが開きます

3 通知を消す

アプリごとに通知を消すには、通知を左へスワイプし❻、[消去]または[すべて消去]をタップします❼。通知センターの通知をすべて消すには、⊗をタップし、このボタンが[消去]と変わったらもう一度タップします❽。

❻ スワイプします

❼ タップします

❽ タップし、その後[消去]をタップします

4 通知の設定を管理する

アプリの通知の設定を変更したい時は、通知を左へスワイプし❾、[オプション]をタップします❿。

❾ スワイプします

❿ タップします

5 通知を設定する

1時間または今日、通知を停止できます⓫。[設定を表示]をタップすると「設定」が開きます⓬。[オフにする]をタップするとこのアプリからの通知がオフになります⓭。このメニューに表示される項目は、アプリにより異なります。

⓫ タップして一時的に停止します

1時間通知を停止

今日は通知を停止

設定を表示

オフにする

⓬ タップして「設定」を開きます

⓭ タップしてこのアプリの通知をオフにします

Chapter 2 ［集中モード］

通知を制御するには

仕事に集中したい時やプライベートな時間を楽しんでいる時にiPadに
通知が来ると、気をとられてしまいます。とは言え、重要な通知が届かな
いのも困ります。このような場合に、集中モードで通知を制御できます。

基本 ———————●— 応用

趣味 ——●——— 実用

1 設定を開く

「設定」を開き、［集中モード］をタップし
ます❶。本書では例として［仕事］をタッ
プして設定します❷。

 Point デバイス間で共有

［デバイス間で共有］のスイッチをオンに
すると、このデバイスで集中モードを開始
した時に、同じApple IDでiCloudにサ
インインしているデバイスがすべて同じ集
中モードになります。

❶ タップします　　❷ タップします

2 通知を受ける設定を始める

集中モードをオンにすると通知が表示さ
れなくなり通知センターのみに表示され
ますが、例外として通知を受ける人やア
プリを設定できます。まず通知を受ける人
を設定するために［連絡先］をタップしま
す❸。

 **Point ホーム画面で
気が散らないようにする**

仕事に使うアプリだけを集めたホーム画
面のページを作っておきます。［画面をカ
スタマイズ］の［選択］をタップしてその画
面を選択すると、ほかのアプリが目に入ら
なくなります。

❸ タップします

3 通知を受ける相手を設定する

一部の人からの通知を受ける場合、[通知を許可] をタップします❹。[+] をタップし、次の画面で「連絡先」アプリに登録されている人の中から通知を受ける人を選択します❺。通話の着信を受けるかどうかも、タップして設定できます❻。

❹ タップします

❺ タップし、次の画面で通知を受ける相手を選択します

❻ タップし、通話の着信を受ける相手を選択します

4 通知を受けるアプリを設定する

手順2の画面で [App] をタップします❼。一部のアプリからの通知を受ける場合、[通知を許可] をタップします❽。[+] をタップし、次の画面で通知を受けるアプリを選択します❾。[即時通知] をオンにしておくと、68ページで解説するように即時通知が有効になっているアプリからの通知を受けられます❿。

❼ 手順2の画面で [App] をタップします

❽ タップします

❾ タップして、次の画面でアプリを選択します

❿ オンにすると即時通知のアプリから通知を受けられます

5 集中モードを開始する

コントロールセンターを表示し（126ページ参照）、[集中モード] をタップします⓫。[仕事] をタップするとこのモードがオンになります⓬。[…] をタップすると、1時間だけオンにするなどの設定ができます⓭。

Point 集中モードをオフにする

集中モードをオフにするには、右側の画面を表示し、オンになっているモードをタップします。

⓫ タップします

⓬ タップしてオンにします

⓭ タップして時間などを設定します

Point 通知を設定する

通知の可否や通知の表示はいつでも変更できます。「設定」を開き、[通知]をタップします❶。通知機能のあるアプリのリストが表示されます。設定を変更したいアプリをタップします❷。

① 「設定」を開いてタップします

② 変更するアプリをタップします

通知を許可するかどうかをタップして変更できます❸。通知を許可する場合、[ロック画面] [通知センター] [バナー]のそれぞれについて、タップして表示のオン／オフを切り替えます❹。また、バナーがすぐ消えるか操作するまで消えないかを設定するには、[バナースタイル]をタップし❺、次に開く画面で[一時的]か[持続的]のどちらかをタップして設定します。

③ 通知するかどうかを変更できます

④ タップしてオン／オフを切り替えます

⑤ タップし、次の画面で[一時的]か[持続的]を選択します

アプリによっては[即時通知]の項目があり、タップしてオン／オフを設定できます❻。集中モード（66～67ページ）をオンにしている間も即時通知のアプリは通知を受ける設定にできます。また、このページのいちばん上の図にある[時刻指定要約]をタップすると通知を受ける時刻を指定できますが、即時通知をオンにするとそのアプリからはすぐに通知が届きます。

⑥ タップしてオン／オフを設定します

Chapter 3

iPadに文字や絵を入力する

iPadは指先で画面に触れて操作します。文字を入力する場面では自動で画面にキーボードが現れ、キーに触れて入力します。絵も指先で描きます。また、指先以外の方法もあります。一般的なタッチペンやApple Pencil、外付けキーボードなどです。話し言葉で文字を入力する機能もあります。

Chapter 3 ［Apple Pencil］

Apple Pencilを使うには

Pro Air iPad mini

Apple Pencilは、Apple製のタッチペンです。対応アプリと組み合わせて使うと、力の入れ具合やペンの傾きに応じて線の濃さや太さが変わるなど、直感的に楽しめます。

基本 ————●———— 応用

趣味 ————●———— 実用

1 充電する

Apple Pencil（第1世代）は、ペン先の反対側のキャップをはずし、iPadのLightningコネクタに差し込みます。Apple Pencil（第2世代）は、iPad側面の磁気コネクタにくっつけます。これで充電されます。

Point Apple Pencilの互換性

iPadのモデルによってApple Pencilの第1世代か第2世代のどちらかに対応していて、違う組み合わせでは使用できません。また、2022年秋に発売されたiPad（第10世代）では、Apple Pencil（第1世代）を使うためにUSB-C - Apple Pencilアダプタが必要です（右図）。

充電します

2 接続する

初めて充電する時に、接続を要求するダイアログが自動で開くことがあります。[ペアリング] をタップします❶。このダイアログが開くのは最初の1回だけです。これでApple Pencilを使える状態になります。

Point 手書き文字入力

初めて接続した時に、スクリブルという手書き文字入力機能の例が表示されることがあります。画面の指示に従って試してみましょう。スクリブルについては94ページを参照してください。

Bluetoothペアリングの要求
"Apple Pencil"がお使いのiPadへのペアリングを求めています。

ペアリング　　キャンセル

❶ タップします

3 Apple Pencilの バッテリー残量を見る

バッテリーのウィジェットをホーム画面や [今日の表示] に追加しておくと、Apple Pencilのバッテリー残量を確認できます❷。ウィジェットについては44ページを参照してください。

❷ ウィジェットでバッテリー残量を確認できます

 「設定」でも確認できる

「設定」を開き、[Apple Pencil] をタップして確認することもできます。

4 「メモ」を起動して 新規ページを作る

Apple Pencil対応のアプリなら、描く時の筆圧やペン先の傾きに応じて線などを描き分けられます。標準で付属しているアプリでは「メモ」がApple Pencilに対応しているので試してみましょう。ホーム画面で[メモ]をタップして起動します❸。 ☑ をタップして、新しいページを作ります❹。 ◎ をタップします❺。

❸ 「メモ」を起動します

❹ タップします

❺ タップします

5 ドラッグして描く

マーカーをタップして選択し❻、好みの色をタップして選択します❼。力の入れ具合やペンの角度を変えて描いてみましょう❽。右の図で、青色の線（上の段）は力の入れ具合を変えて描いたもの、赤色の線（下の段）はペンの傾きを変えて描いたものです。◎ をタップすると描画を終了し、文字を入力できる状態に戻ります❾。

❻ タップします

❼ タップします

❽ ドラッグして描きます

❾ タップして文字入力に戻ります

 「メモ」アプリの操作

「メモ」アプリについて詳しくは106ページを参照してください。

Chapter 3［お絵描きアプリ］

iPadで絵を描くには

Pro　Air　iPad　mini

iPadの画面は、絵を描くのにも十分な広さです。筆や鉛筆、ペンの使い分けも簡単です。無料でも、高性能なお絵描きアプリがあります。気軽に始めてみましょう。

基本 ●——————●———— 応用

趣味 ●——————————— 実用

1 新規制作を始める

本書では例として「Adobe Fresco」アプリを使います。App Storeから無料でインストールできますが、初回起動時にAdobe、Apple、Google、Facebookのいずれかのアカウントでログインする必要があります。起動したら、ここでは［現在の画面サイズ］をタップして新しい用紙を作成します❶。このアプリは無料でも十分に楽しめますが、月額または年額の料金を支払うとブラシの種類が増えるなど、さらに多くの機能を使用できます。

❶ タップします

Fr Adobe Fresco：
絵画とデッサンのデザインアプリ

無料　ADOBE SYSTEMS SOFTWARE IRELAND LIMITED
968.7MB

2 ブラシで描く

をタップし、もう一度タップしてブラシを選択します❷。●をタップして色を選びます❸。数字の部分をタップすると太さを変えられます❹。設定したらドラッグして描きます。

❷ タップしてブラシを選びます

❸ タップして色を選びます

❹ タップして太さを変えます

3 水彩や油彩で描く

水彩や油彩のにじみを描けるのがこのアプリの特徴のひとつです。をタップし、もう一度タップします❺。どちらかをタップし、この次の画面で、使いたい筆をタップして選択します❻。色や太さも手順2と同じように設定します。

Point 操作の取り消し

このアプリでは、上部の↺をタップすると、直前の操作を取り消すことができます。続けてタップすると1つ前、2つ前とさかのぼって取り消せます。

❺ タップし、もう1回タップします

❻ どちらかをタップし、次の画面で筆を選びます

4 にじませて描く

重ねて描くと、にじみます❼。ほどよくにじんだら⋯をタップし❽、いちばん下の[レイヤーを乾かす]をタップすると❾、にじみが止まります。

Point Apple Pencilに対応している

このアプリはApple Pencilに対応していて、ペンの傾きや筆圧に応じて描かれる線が変わります。また、Apple Pencilに限らず、指先よりタッチペンの方が描きやすいかもしれません。絵を描くことが多い方は、iPad対応のタッチペンを試してみてはいかがでしょうか。

❼ 重ねて描くとにじみます

❽ タップします

❾ タップするとにじみが止まります

5 レイヤーを使う

⊞をタップするとレイヤーが追加されます❿。レイヤーを上下にドラッグすると、重なりの順序を変更できます⓫。絵を描き終わったら、く をタップすると自動で保存され、手順1の画面に戻ります⓬。

Point レイヤーとは?

レイヤーとは、透明のシートを重ね合わせて1枚の絵に仕上げていくものです。たとえば下のレイヤーに背景を、上のレイヤーに対象物を描けば、きれいに重ね合わせることができますし、後から背景か対象物のどちらかだけを描きなおすのも簡単です。

❿ タップしてレイヤーを追加します

⓫ ドラッグして順序を変えられます

⓬ タップして終了します

Chapter 3 ［書道アプリ］

書道のシミュレーションを楽しむには

Pro　Air　iPad　mini

書道のシミュレーションも、iPadでできます。指先でも楽しめますが、Apple Pencilを使うとよりリアルな感覚で書くことができます。

基本 ├──────●────┤ 応用

趣味 ●──┼──┼──┼──┤ 実用

1 アプリを起動して設定を始める

書道を再現するアプリとして本書では「Zen Brush 3」を使います。このアプリをApp Storeから購入し、アイコンをタップして起動します❶。起動したら ▦ をタップし❷、［設定］をタップします❸。

❷ ここにある ▦ をタップします

❶ タップして起動します

❸ タップします

Zen Brush 3

価 800円　販 P SOFTHOUSE Co., Ltd.
Siz 167.9MB

2 指先かApple Pencilかを設定する

［タッチ］をタップします❹。指先を使うか、Apple Pencilだけを使うかに応じて、どちらかをタップして選びます❺。Apple Pencilを使う場合、筆圧や傾きの感度も好みに応じて変えられます❻。設定できたら ☒ をタップします❼。

❹ タップします

❺ どちらかをタップします

❻ タップして設定します

❼ タップします

3 墨の色などを選んで書く

墨の色をタップして選択します❽。筆の太さをタップして設定します❾。墨の濃さと❿、墨の水分の加減もタップして選択します⓫。ドラッグして書きましょう⓬。

Point 手本を見ながら書く

本書253ページの手本をiPadのカメラで撮影し、「写真」アプリとこのアプリをSplit Viewで表示すると（28ページ参照）、手本を見ながら書くことができます。

❽ 色をタップします

❾ 太さをタップします

❿ 濃さをタップします

⓫ 水分をタップします

⓬ 書きます

4 書いたものを消す

◀ をタップすると、直前に書いたものを消せます⓭。■ をタップして選択し⓮、書き間違えた部分などをドラッグすると、消すことができます⓯。消した後は水で濡れたような状態になり、だんだん乾いていきます。すぐに乾かしたい時は▨ をタップし、メニューが表示されたら乾かし方をタップします。すべて消す場合は、▥ をタップします⓰。

⓭ タップして直前の操作を取り消します

⓮ タップし

⓯ ドラッグすると消えます

⓰ タップするとすべて消えます

5 保存する

右上の ▦ をタップし⓱、[新規保存]をタップするとこのアプリのデータとして保存されます⓲。このようにして保存したデータは、[開く]をタップしてこのアプリで再度開くことができます⓳。[書き出し]をタップし、次の画面で[画像を保存]をタップすると、「写真」アプリに保存されます。

⓱ ここにある ▦ をタップします

⓲ タップして保存します

⓳ 保存したデータを開きます

Chapter 3 ［絵の読み込みとグラフィックアプリ］

ぬりえを楽しむには

Pro　Air　iPad　mini

年齢を問わずに楽しめるぬりえが人気です。iPadの大きく美しい画面を活かしてぬりえをしてみてはいかがでしょうか。

基本 ├─┼─┼─●─┤ 応用
趣味 ●─┼─┼─┼─┤ 実用

1 線画をアプリに読み込む

252ページの説明に従って線画のサンプルをダウンロードし「写真」アプリに保存します。本書では「メディバンペイント for iPad」アプリをApp Storeからインストールし、起動します。［新しいキャンバス］をタップし❶、［画像を選択してインポート］をタップします❷。この後、「写真」アプリの項目が表示されるので、保存した線画を選択します。線画抽出するかどうかのメッセージが表示された場合は、［線画抽出しない］をタップします。

❶ タップします　❷ タップします

┌─────────────────────────┐
│ メディバンペイント for iPad
│ 価 無料　販 MediBang inc.　Size 96.1MB
└─────────────────────────┘

2 レイヤーを追加する

線画を誤って消してしまったりすることのないよう、レイヤーを追加して色を塗りましょう。［＋］をタップし❸、［カラーレイヤー］をタップします❹。

Point 「写真」アプリへのアクセス

手順1で初めて線画を読み込む時に、「写真」アプリへの許可を求めるダイアログが開きます。［すべての写真へのアクセスを許可］をタップします。

❸ タップします
❹ タップします

3 レイヤーの設定をする

[Layer1]（下絵のレイヤー）をタップして選択し❺、[ロック]をタップしてロックをかけます❻。その後、[Layer2]をタップして選択し、このレイヤーに色を塗っていきます❼。

❺ タップします

❻ タップします

❼ タップしてから
塗り始めます

4 ブラシで塗る

◆ をタップし❽、使いたいブラシをタップします❾。ブラシの太さや透明度を変えたい時は［ブラシ設定］をタップします❿。色合いをタップし⓫、その色の明るさをタップして選択します⓬。絵の上でドラッグして色を塗ります。塗った色の一部を消したい時は、◆ をタップして選択し、消したい部分をドラッグします⓭。

❽ タップします

❾ タップします

❿ タップしてブラシの
設定を変えます

⓫ タップ
します

⓬ タップします

⓭ タップしてからドラッグして消します

Point **Apple Pencilなら
表現力アップ**

このアプリは指先で操作できますが、Apple Pencilを使えばさらに楽しめます。このアプリはApple Pencilに対応していて、力の入れ具合で太さや濃さなどが変わります。

5 この作品を閉じる

直前の動作を取り消したい時は、◀ をタップします⓮。終了や中断をする時は、▤ をタップし⓯、［キャンバスを閉じる］をタップします⓰。この後、［保存して移動］をタップします。

⓯ タップします

⓮ タップして直前の
動作を取り消します

⓰ タップします

Point **完成見本を見ながら塗る**

252ページの見本を写真に撮るかファイルを「写真」アプリに保存し、28ページで解説したようにSplit Viewで左右に並べて、見本を見ながら塗っていくことができます。

Chapter 3 ［ペン字とグラフィックアプリ］

なぞり書きで 文字を練習するには

Pro　Air　iPad　mini

レイヤー機能（73ページ）は多くのグラフィックアプリにあり、これを活用して手本を下に敷いてなぞり書きできます。ペン字や書道、イラストの練習などに便利です。72〜73ページとは別のアプリで解説します。

基本 |———————●— 応用

趣味 ●————————| 実用

---

1 手本をアプリに読み込む

252ページを参照して手本をダウンロードし、「写真」アプリに保存します。「Procreate」アプリをインストールし、起動したら、［写真］をタップします❶。この後、「写真」アプリの内容が表示されたら保存した手本をタップします❷。

❶ タップします

❷ 「写真」アプリに保存した 手本をタップします

Procreate

🏛 1,600円　🏭 Savage Interactive Pty Ltd
📏 597.2MB

---

2 自分で書くためのレイヤー を追加する

読み込んだ手本がレイヤー（73ページ参照）として表示されます。■をタップし❸、［＋］をタップします❹。

❸ タップします

❹ タップします

選択されているレイヤーを確認する

追加された［レイヤー2］が選択されて色が付いている状態で書いていきます❺。

Point レイヤーを活用して何度も練習する

［レイヤー2］を非表示にするか削除し、新しいレイヤーを追加すると、同じ手本で何度も練習できます。非表示にする方法は手順5で解説します。削除するには、［レイヤー2］と書かれた部分を左へスワイプし、右端に［削除］が現れたらタップします。

❺ このレイヤーが選択されている状態で書きます

ペンや色を選んで書く

▨をタップし❻、分類と❼、種類をタップして選択します❽。この後、スライダをドラッグして太さを調整します❾。また、◧をタップして色を選びます❿。

❻ タップします

❼ タップします

❽ タップします

❾ ドラッグして太さを調整します

❿ タップして色を選びます

 なぞって書く

手本をなぞって書きます⓫。書いた後で▨をタップし⓬、［レイヤー1］のチェックマークをタップしてチェックをはずすと、［レイヤー1］が非表示になり、自分の書いた文字を確認できます⓭。左上の［ギャラリー］をタップすると手順1の画面に戻ります。

Point 操作の取り消し

画面左端の下の方にある▨をタップすると、直前の操作を取り消せます。書き損じた時は取り消して書き直すことができます。

⓫ なぞって書きます

⓬ タップします

⓭ タップしてチェックをはずすと非表示になります

Chapter 3［文字入力］

画面のキーボードで入力するには

文字を入力しようとすると、自動でキーボードが表示されます。さまざまなモードで入力できるので、好みに応じて使いましょう。iPadのモデルにより、キーの配列が少し異なります。

基本 ●————————————— 応用

趣味 |————————————● 実用

▶ キーボードを切り替える

1 ［日本語かな］キーボード

図は「メモ」アプリですが、文字入力の方法はどのアプリでも共通です。キーボードの種類は、🌐を長く押し❶、使いたいものをタップして切り替えます❷。右の図は［日本語かな］キーボードです❸。ここに［日本語かな］がない場合は、82ページを参照してください。

Point タップでも切り替えられる

🌐を長く押す代わりに、タップして切り替えることもできます。タップするたびに異なるキーボードが順番に表示されます。

❶ 長く押します

❷ タップします

❸ ［日本語かな］キーボードです

2 ［English（Japan）］と ［日本語ローマ字］キーボード

［English（Japan）］と［日本語ローマ字］は、パソコンのキーボードと似たキー配置のキーボードです。上の図がアルファベットを入力するための［English］❹、下の図が［日本語ローマ字］キーボードです❺。よく似ていますが、文字のキーの上にある入力候補の欄などが少し違います。

Point モデルにより キー配列が異なる

キー配列はiPadのモデルにより少し異なります。この章では2022年発売のiPad（第10世代）の図を掲載しています。

❹ ［English（Japan）］キーボードです

❺ ［日本語ローマ字］キーボードです

3 [ABC] [☆ 123] キーなどで切り替える

キーボードに表示されていない数字や記号を入力したい時は、[ABC] や [☆ 123] などのキーをタップして❻、文字種を切り替えます。

❻ これらのキーをタップして文字種を切り替えます

4 数字などをすばやく入力する

たとえば [q] キーには、「q」の上にグレーで「1」と書かれています。[q] キーを少し下へスワイプすると❼、「1」を入力できます。

❼ スワイプします

5 アルファベットの大文字を入力する

英語キーボードを使っている時、 をタップすると、大文字を入力できます❽。大文字を1文字入力すると、自動で解除されます。

Point Caps Lock と解除

何文字か続けて大文字を入力したい時は、 をダブルタップすると、このキーが ⬆ に変わります。パソコンで Caps Lock キーがオンになっているのと同じ状態です。この状態の間は大文字を入力できます。このキーをもう一度タップすると解除されます。

❽ この状態で大文字を入力できます

iPadに文字や絵を入力する

► フローティングキーボード

1 英語とローマ字の フローティングキーボード

フローティングとは「浮いている」という意味です。⌨を長く押し❶、そのまま指を滑らせて［フローティング］を選択します❷。下部を上下左右にドラッグして好きな位置へ移動できます❸。下部をドラッグして画面のいちばん下、左右方向の中央あたりへ移動すると、通常のキーボードに戻ります❹。

❶ 長く押します
❷ 選択します

❸ ドラッグして移動できます

❹ ここへドラッグして 元に戻します

2 日本語かなの フローティングキーボード

日本語かなをフローティングキーボードにすると、テンキータイプに変わります。入力方法はiPhoneやその他多くのスマートフォンに似ています。たとえば「あ」のキーを1回押すと「あ」、2回押すと「い」を入力できるほか、「あ」を長く押し、そのまま指を上下左右に滑らせてあ行の文字を入力することもできます❺。変換候補が上に表示されるので、タップして選択します❻。

メモ あい

❺ 長く押してあ行の文字を入力できます

❻ タップして選択します

► キーボードの種類を設定する

1 キーボードの設定を開く

82ページ手順1のメニューに使いたいキーボードが表示されない場合や、反対に使わないキーボードを非表示にしたい場合は、ホーム画面で［設定］をタップして起動します。［一般］をタップし❶、［キーボード］をタップします❷。次の画面でいちばん上にある［キーボード］をタップします❸。

設定 一般

❶ タップします

❷ タップします

❸ 次の画面で［キーボード］ をタップします

② キーボードを追加する

右図の例では［日本語 – かな入力］キーボードがありません。追加しましょう。［新しいキーボードを追加］をタップします❹。

 Point キーボードの並び順を変える

右図で、右上にある［編集］をタップすると、［日本語 – ローマ字入力］などのキーボード名の右端を上下にドラッグして、82ページ手順1に示したメニューの並び順を変更できます。

③ キー配列を選んで追加する

［日本語］をタップします❺。次の画面で［かな入力］をタップしてチェックを付け❻、［完了］をタップします❼。これで、かな配列のキーボードを使えるようになります。

④ 使わないキーボードを削除する

反対に使わないキーボードを削除するにするには、そのキーボードを左へスワイプし❽、［削除］が表示されたらタップします❾。

Chapter 3［文字変換］

入力効率を
アップするには

変換候補を一覧で見て探すことができます。また、入力して変換しても
候補に現れない言葉や短文は、ユーザ辞書に登録すると便利です。

▶ 変換候補を見る

1 候補の中から選ぶ

日本語入力では、文字を入力するごとに
❶、変換候補が表示されます❷。横にスワ
イプすると、ほかの候補を見ていくことが
できますが❸、一覧で見たい場合は⌃を
タップします❹。

❶ 一文字入力するごとに

❷ 変換候補が
表示されます

❸ スワイプでほかの
候補を見ます

❹ 一覧で見るにはここをタップします

2 候補の一覧から探す

表示された一覧で候補がたくさんある時
は上下にスワイプし、スクロールして探し
ます❺。目的のものが見つかったらタップ
して入力します。

❺ 上下にスクロールして探します

► 変換されない語句をユーザ辞書に登録する

1 表示されている語句から登録する

登録したい語句の範囲を選択します❶。[>] をタップします❷。この後、メニューに [ユーザ辞書] が表示されたらタップします❸。語句を選択する操作は88ページで解説しています。

❶ 語句を選択します

❷ タップします

❸ この後、[ユーザ辞書] をタップします

2 [単語]と[よみ]を設定する

変換後の語句となる[単語]と❹、キーボードで入力する文字となる[よみ]を確認し、必要に応じて入力、修正します❺。[保存]をタップして登録します❻。

メールアドレスなどの登録も便利

よく入力するメールアドレスや住所などをユーザ辞書に登録してもよいでしょう。[よみ]に「めあど」など、自分がわかりやすいものを設定しておきます。

❹ 変換候補に表示したい語句を入力します

❺ 語句のよみを入力します

❻ タップします

3 「設定」から登録する

メールやメモなどに表示されている文字からではなく、新たに入力して登録するには「設定」の[一般]→[キーボード]→[ユーザ辞書]とタップします。田をタップし❼、次の画面で単語とよみを入力して保存します。

❼ タップして語句を登録できます

Chapter 3［文字編集］

文字を編集するには

入力した文字は、指でタップすることでカーソルを移動し、削除キーを使って消すことができます。ほかにも、操作の取り消しや範囲選択、カット・コピー＆ペーストなど、文字の編集に欠かせない操作を紹介します。

▶ カーソルを移動して削除する

1 押し続けると連続して削除できる

タップすると、その位置にカーソルが置かれます❶。⌫ をタップするとカーソルの前にある文字を消せます❷。何文字も連続して消去する時は⌫を押したままにすると速く消せます。

❶ タップしてカーソルを置きます　❷ タップして消します

2 カーソルが思い通りの位置にならない時は

タップしてカーソルを思い通りの位置に置けない場合は、押したまま指を滑らせて目的の位置にカーソルを移動します❸。なお90ページで別の操作を紹介しているので、試してみてください。

❸ 押したまま指を滑らせてカーソルを移動します

▶ 操作を取り消す

操作を取り消す

誤って文字を削除してしまった時などに、操作を取り消すことができます。3本指で左へスワイプするか❶、3本指でダブルタップすると❷、取り消せます。上部に[取り消す]と表示され、取り消されたことがわかります❸。

やり直す

取り消した後で元に戻すには、3本指で右へスワイプします❹。上部に[やり直す]と表示され、やり直されたことがわかります❺。

メニューから操作する

アプリや操作の状況によっては、3本指でタップすると❻、上部にメニューが表示されることがあります。実行したい操作をタップして選択します❼。

▶ 範囲選択をする

1 ドラッグして選択する

次ページのカット・コピー&ペーストをする時などには、まず操作の対象となる範囲を選択します。テキストの任意の場所をダブルタップします❶。またはカーソルのある位置をタップし、メニューが表示されたら［選択］をタップします。その後、選択範囲の先頭と最後についているピンのアイコンをドラッグして選択します❷。

2 単語を選択する

1本指でダブルタップすると、英語の場合は1単語が選択されます❸。日本語の場合は単語がスペースで区切られていないので、正確に1単語が選択されるわけではありません。また、アプリによって動作が異なることがあります。

3 段落を選択する

1本指ですばやく3回タップすると、1つの段落を選択できます❹。これも、アプリによっては動作が異なります。

 Point 文字列のドラッグ&ドロップ

選択した文字列を長く押し、浮かんだような状態になったらドラッグして移動できます。ただしアプリにより、移動になる場合とコピーになる場合があります。また、Split Viewなどで別のアプリや別のウインドウにドラッグ&ドロップすると、コピーになります。

▶ カット・コピー＆ペーストをする

1 範囲選択してカットまたはコピーする

前ページの操作でカットまたはコピーしたい範囲を選択します❶。するとメニューが表示されるので、この範囲を切り取るなら［カット］、複製するなら［コピー］をタップします❷。

❶ 範囲を選択します

❷ どちらかをタップします

2 ペーストする

カットまたはコピーしたものを貼り付けたい位置にカーソルを置き、その場所をタップ（アプリによっては長押し）します❸。メニューが表示されたら［ペースト］をタップします❹。これで貼り付けられます。「メモ」アプリの別のページや、別のアプリにペーストすることもできます。

❸ カーソルを置いてからタップします

❹ タップします

3 ジェスチャ操作でカット・コピー＆ペーストする

範囲選択してから、3本の指先を画面に当て、すぼめるように動かします。この操作を「ピンチクローズ」といいます❺。これでコピーされます❻。3本の指先で2回ピンチクローズすると、カットになります。この後、別の位置にカーソルを置き、3本の指先を当てて押し広げるように動かすと（ピンチオープン）、ペーストされます。

❺ 3本の指先でピンチクローズします

❻ コピーされます

Chapter 3 ［キーボードの便利な機能］

キーボードで 効率よく操作するには

iPadの画面に表示されるキーボードで文字を入力する際に、知っておくと便利で効率の上がる操作を紹介します。

▶ ほかの文字候補を表示する

1 長く押して候補を表示する

文字を長く押すと、別の文字候補が現れる場合があります。英語キーボードの場合は同種の別の文字が現れるので、そのまま指を滑らせて入力します❶。［日本語ローマ字］キーボードの場合は全角の英字を入力できます❷。

❶ 英語キーボードで長く押します

❷ ［日本語ローマ字］キーボードでは全角英字を入力できます

▶ 2本指でカーソルの移動や文字列の選択をする

1 カーソルを移動する

2本の指先をキーボードに乗せると、キーボードがグレーに変わります❶。このままドラッグしてカーソルを移動できます❷。

❶ 2本指を乗せるとグレーになります

❷ ドラッグしてカーソルを移動します

2 文字列を選択する

2本の指先をキーボードに乗せたまま少し待っていると、文字列を選択できる状態になります❸。このままドラッグして❹、文字列を選択します❺。

❸ 2本指を乗せ、少し待ちます
❹ ドラッグすると
❺ 文字列が選択されます

▶ ショートカットバーを使う

1 ツールをタップする

キーボードの最上段にショートカットバーがあり、ツールをタップするだけでさまざまな操作ができます❶。「メモ」アプリでは、文字列を選択して❷、ここからカット・コピー・ペーストができます❸。ツールは、その時の状態やアプリによって異なります。

❶ ショートカットバーです
❷ 選択します
❸ タップしてカット・コピー・ペーストができます

▶ 予測入力を使う

1 予測候補をタップして入力する

入力された単語に応じて、次によく使われる単語が候補として表示され、タップするだけで入力できます❶。右図は日本語ですが、英語でも同様です。

 英語の予測を非表示にするには

「設定」の［一般］→［キーボード］を開き、［予測］のスイッチをタップしてオフにします。

❶ タップして入力できます

Chapter 3 ［音声入力］

音声で入力するには

話し言葉で文字を入力することができます。iPadに標準で付属しているアプリはもちろん、キーボードが表示される他社製アプリでも利用できます。

▶ 音声で入力する

1 音声入力を開始する

日本語を音声入力するなら［日本語ローマ字］か［日本語かな］のキーボードをあらかじめ選択しておきます。キーボードにある🎤をタップします❶。

❶ タップします

2 音声入力の使用を確認する

音声入力をする時には、必要なデータがインターネット経由でAppleに送信されます。そのため、この機能を初めて使う時に確認のメッセージが表示されます。使用する場合は［音声入力を有効にする］をタップします❷。

音声入力を有効にしますか？
"音声入力"では、リクエストの処理に必要な場合に、入力された音声、連絡先、位置情報などの情報をAppleに送信します。

音声入力を有効にする

今はしない

詳しい情報...

❷ タップします

3 iPadに向かって話す

iPadに向かって話します❸。話すにつれてどんどん文字に変換されていきます。終わったら 🎤 または 🎤 をタップして音声入力を終了します❹。

❸ iPadに向かって話します

❹ タップして終了します

▶ 音声入力のオン／オフを切り替える

1 「設定」で切り替える

音声入力を使うかどうかを切り替えるには、「設定」の[一般]→[キーボード]をタップし、[音声入力]のスイッチをタップします❶。

❶ タップしてオン／オフを切り替えます

▶ 句読点や記号を入力する

1 記号を音声で入力する

句読点や記号も音声で入力できます。右にその一部を挙げますので、試してみてください。たとえば「きょうは　てん　いいてんきです　まる」のように話します。

音声（話す言葉）	入力される記号
まる	。
てん	、
ビックリマーク	！
クエスチョンマーク	？
なかぐろ	・
かいぎょう	（改行）
スラッシュ	／
かぎかっこ	「
かぎかっことじ	」
にじゅうまる	◎
さんかく	△
しかく	□
くろしかく	■

Chapter 3［手書き入力］

手書きで文字を入力するには

iPadOSの標準の機能でApple Pencilを使って文字を手書き入力する機能が「スクリブル」です。日本語を手書き入力する他社製アプリもあります。

基本 ─────●── 応用
趣味 ─────●── 実用

► スクリブルで手書き入力をする

1 スクリブルを有効にする

iPadOSに標準で搭載されている手書き文字入力機能を「スクリブル」と言います。「設定」の［Apple Pencil］をタップし❶、［スクリブル］のスイッチをタップしてオンにします❷。

Point スクリブルを試す

このスイッチの下にある［スクリブルを試す］をタップすると、使い方の説明が表示され、実際に書いて練習できます。

❶ タップします

❷ タップしてオンにします

2 フィールドに手書きする

文字を入力するフィールドがある時に手書きで入力できます。例としてブラウザの「Safari」で解説します。アドレスのフィールドにカーソルがある状態で❸、Apple PencilでURLを手書きします❹。この時、フィールドにおさめる必要はなく、はみ出して構いません。「Safari」の詳細はChapter 5を参照してください。

❸ ここにカーソルがあります

❹ Apple Pencilで文字を手書きします

3 文字として認識される

文字として認識されます❺。 ↵ をタップしてこのページにアクセスできます❻。または表示された候補のいずれかをタップします❼。文字が誤って認識された時は あ (または 絵 と表示されていることがあります)をタップし❽、[キーボードを表示] をタップすると、画面にキーボードが表示され、修正することができます❾。

❺ 認識されます

❻ タップしてアクセスするか

❼ いずれかをタップします

❽ タップします

❾ タップするとキーボードが表示されます

▶ スクリブルで「メモ」アプリに文字を入力する

1 「メモ」アプリで手書き入力を始める

「メモ」アプリで文字を手書き入力する例を解説します。 ◉ をタップしてツールを表示し❶、 🖊 をタップします❷。

❶ タップします

❷ タップします

2 言語を選択する

あ をタップし❸、言語をタップして選択します❹。

❸ タップします

❹ タップします

> **Point** 入力できる言語を追加する
>
> 日本語と英語以外を手書き入力するには、あらかじめ「設定」の [一般] → [キーボード] → [キーボード] で目的の言語を追加しておきます。

3 文字が認識される

文字を手書きします❺。カーソルの位置に関係なく、余裕のある場所に書いて構いません。すると書いた文字が認識されます❻。別の候補がある箇所には下線が表示され、タップして❼、別の候補に置き換えることができます❽。

❺ 文字を手書きします

❻ 認識され、入力されます

❼ タップします

❽ タップして置き換えます

Point ほかのアプリでスクリブルを使う

ほかの多くのアプリでも、項目を入力する箇所にApple Pencilで直接書き込むなどの操作で文字を手書き入力できます。

4 手書きで文字を編集する

文字を消すには、ジグザグと数回、Apple Pencilを動かします❾。文字の範囲を選択するには、ぐるっと囲みます❿。途中に文字を挿入したい場合は、挿入したい箇所をApple Pencilで長く押します⓫。

❾ ジグザグとなぞって消します

❿ 囲んで選択します

⓫ 長く押して間を空けます

▶ 他社製アプリで日本語を手書き入力する

1 アプリをインストールし、設定する

本書では例として、日本語を手書き入力できるアプリの「mazec」をインストールし❶、「設定」の [一般] → [キーボード] → [キーボード] → [新しいキーボードを追加] でmazecを追加します❷。mazecの詳しい設定はMetaMoJi社サイトなどを参照してください。

mazec
- 手書き日本語入力ソフト
価 1,500円　版 MetaMoJi Corporation
Size 53.2MB

❶ 「mazec」をインストールします

❷ タップして「mazec」を追加します

2 手書き入力する

🌐 から [mazec] を選択すると❸、日本語を手書き入力できます❹。Apple Pencil は必須ではなく、指先や他社製のペンでも利用できます。

❸ ここから [mazec] を選択します

❹ 日本語を手書き入力できます

Point フリーボード

iPadOS 16.2には新たに「フリーボード」アプリが追加されました。実物のホワイトボードに手書きしたり、付箋や資料を貼ったりするのと同様の感覚で使えるアプリです。

iPhoneとMacにもこのアプリが付属し、iCloudを介してボードを共有できます。

「設定」の [自分の名前] → [iCloud] → [すべてを表示] とタップし、[フリーボード] をオンにします。すると、同じApple IDを使用しているiPhoneやMacで、同じボードを利用できます。

また、上の図の右上にある 🔲 をタップし、メールなどでこのボードを共有すると、ほかの人も閲覧や編集ができます。ホワイトボードに複数の人が同時に書き込めるイメージです。ほかの人もiCloudにサインインし、設定で [フリーボード] をオンにする必要があります。

Chapter 3 ［翻訳］

翻訳をするには

「翻訳」アプリを使うと、入力された文章や話し言葉を翻訳できます。iPadOS 16に付属の「翻訳」アプリでは、カメラで文章や語句を写して翻訳することもできるようになりました。

基本 ●──┼──┼──┼── 応用
趣味 ──┼──┼──●──┼── 実用

1 原文を入力する

「翻訳」アプリを起動し、サイドバーの［翻訳］をタップします❶。言語をタップして、翻訳元と翻訳先の言語をそれぞれ選択します❷。翻訳元の言語をタップして選択し❸、翻訳したい原文を入力します❹。⏎をタップします❺。

❶ タップします

❷ タップして選択します

❸ 翻訳元の言語をタップします

❹ 原文を入力します

❺ タップします

2 翻訳された文章が表示される

翻訳された結果が表示されます❻。

❻ 翻訳されます

3 カメラで原文を写す

サイドバーの[カメラ]をタップします**❼**。手順1と同様に言語のペアと翻訳元の言語を選択します**❽**。翻訳したいものをiPadのカメラで写して**❾**、◯をタップします**❿**。

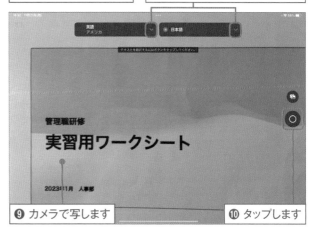

❼ サイドバーの［カメラ］をタップします

❽ 言語のペアを選択してから、翻訳元の言語をタップします

❾ カメラで写します

❿ タップします

4 テキストの箇所が翻訳される

テキストとして認識された箇所が翻訳されます**⓫**。翻訳をタップすると、このテキストのコピーなどができます**⓬**。[×]をタップして終了します**⓭**。

⓫ 翻訳されます

⓬ タップしてコピーなどができます

⓭ タップして終了します

5 話し言葉を翻訳する

サイドバーの[会話]をタップします**⓮**。手順1と同様に言語のペアを選択します**⓯**。🎤をタップしてから話すと、翻訳されます**⓰**。▦をタップし、[対面]をタップして選択すると、自分と相手が対面で話すのに適した表示に変わります**⓱**。

⓮ タップします

⓯ 言語のペアを選択します

⓰ タップしてから話します

⓱ タップして表示形式を変更できます

Chapter 3 ［Apple製のキーボード］

Apple製のキーボードを使うには

Pro　Air　iPad　mini

Apple製の外付けキーボードと組み合わせると、ノートパソコンに近い感覚で使えます。スタンドを兼ねているほか、使わない時や持ち運ぶ時は画面を保護するカバーになります。

基本 ├──┼──●──┼──┤ 応用
趣味 ├──┼──●──┼──┤ 実用

---

1 キーボードをセットする

キーボードが手前に来るようにセットします。正しい位置にセットすると、iPadの背面または側面にあるSmart Connector（金属の小さい3つの円）で接続されます。これだけで、使える状態になります。

Point 4種類のモデルがある

Apple製のiPad用キーボードは4種類あり、iPadのモデルにより使えるキーボードが異なります。また、iPad miniや一部の古いモデルでは4種類のいずれも使用できません。

❶ このようにセットします。この写真はMagic Keyboard Folioです

---

2 入力する

初期設定ではライブ変換がオンになっているため、入力したひらがなが自動で次々に漢字やカタカナに変換されていきます❷。自動変換されたものとは違う文字にしたい時はスペースキー、または `↑` や `↓` キーを押して候補を選択し❸、`return` キーを押して確定します❹。

Point iPadから給電される

外付けキーボードには一般に内蔵バッテリーまたは乾電池が必要ですが、Apple製のキーボードはiPadのSmart Connectorから給電されるのでこれらは必要ありません。

❷ 自動で変換されます
早い
はやい
速い

❸ スペースキーか、`↑` や `↓` のキーで選択します

❹ `return` キーで確定します

3 入力文字種を切り替える

キーをポンポンと押すと、入力文字種を選択できます❺。キーボードのいちばん下の段にある英数キーとかなキーを押して切り替えることもできます。

> **Point** キーの動作を変更する
>
> 「設定」を開き、[一般]→[キーボード]→[ハードウェアキーボード]をタップし、[を押して絵文字を表示]のスイッチをオンにすると、キーを押して絵文字キーボードの表示／非表示を切り替える動作に変わります。

❺ キーを押して選択します

4 キーボードショートカットを利用する

⌘（コマンド）キーやキーを長く押すと、利用できるキーボードショートカットが表示されます❻。→や←キーを押すとさらに別のショートカットが表示されます❼。これを見てよく使うものから徐々に覚えていくと、操作の効率が上がります。右図では、「メモ」アプリで⌘（コマンド）キーを押しながらNキーを押すと新規メモを作成できることがわかります。

❻ ⌘キーやキーを長く押すとヘルプが表示されます

❼ →や←キーを押すと別のショートカットが表示されます

5 かな入力できるようにする

初期設定では日本語はローマ字で入力しますが、かな入力も利用できます。82〜83ページを参照して、かな入力のキーボードを追加しておきます。「設定」の[一般]→[キーボード]→[ハードウェアキーボード]とタップし、[日本語 - かな入力]をタップします❽。次の画面で[かな入力]をタップして選択すると❾、[日本語かな]モードを選択した時にキーボードから、かな入力できます。

> **Point** ライブ変換をオフにする
>
> この画面で[ライブ変換]のスイッチをタップしてオフにすると、表示される変換候補から自分で選択する操作に変わります。

❽ タップします

❾ 次の画面で[かな入力]をタップします

Chapter 3 ［他社製のキーボード］

他社製のキーボードを使うには

Pro Air iPad mini

Apple以外のメーカーからも、iPadで使えるキーボードは多数販売されています。Bluetooth、USB-C、Lightningで接続するキーボードは、Smart ConnectorのないiPadでも使えます。

基本 ───●── 応用
趣味 ──●─── 実用

KEYS-TO-GO
価 12,100円（税込）
問 ロジクール
URL https://www.logicool.co.jp/ja-jp/

Bluetooth接続で、薄型軽量のキーボードです。

ウルトラスリム Bluetooth ワイヤレスキーボード
価 2,000円（税込）
問 Anker
URL https://www.ankerjapan.com

これもBluetooth接続で、薄型軽量です。

MX KEYS MINI（Mac用）
価 15,950円（税込）
問 ロジクール
URL https://www.logicool.co.jp/ja-jp/

Bluetooth接続のキーボードです。製品名は「Mac用」ですが、iPadでも動作します。バックライト付きです。

SKB-SL31CBK
価 5,830円（税込）
問 サンワサプライ
URL https://www.sanwa.co.jp/

USB-Cで有線接続する薄型のキーボードです。電池や充電の必要がなく、接続するとすぐに使えます。

▶ Bluetoothキーボードをペアリングする

1 キーボードをペアリングする

Bluetoothキーボードは初めて使う時に
iPadとペアリングする必要があります。
前ページ左下のMX KEYS MINI(Mac用)
を例にとって解説します。キーボードのマ
ニュアルを参照して、キーボードをペア
リングモードにします。iPadで「設定」を
開き[Bluetooth]をタップします❶。キー
ボードが認識されたらタップします❷。

Point キーボードの設定

101ページ手順5で解説したハードウェア
キーボードの設定は、他社製キーボードでも
同様です。

❶ タップします

❷ タップします

2 コードでペアを確認する

このキーボードの場合は、ペアを確認す
るためのコードが表示されます。このコー
ドをキーボードで入力し、[return]キーを
押します❸。キーボードによっては、この
手順はありません。

Point 入力文字種の切り替え

🌐 キーのないキーボードでは、[control]キー
を押しながらスペースキーを押して入力文字
種を切り替えます。

❸ このコードをキーボードで入力し、
[return] キーを押します

3 キーボードが接続された

[接続済み]と表示されたら、このキーボー
ドを使用できます❹。キーボードの電源を
切っても次に電源を入れると自動で接続
されますが、接続されない場合は手順1の
画面を開いてキーボードの名前をタップ
します。今後、このキーボードを使用しな
くなったら、キーボード名の右端の ⓘ を
タップし、次の画面で[このデバイスの登
録を解除]をタップします❺。

❹ 接続されました

❺ 登録を解除する
時にタップします

他社製のキーボード

iPadに文字や絵を入力する

トラックパッドを使うには

Pro　Air　iPad　mini

Apple製の一部のキーボードにはトラックパッドが付いています。他社
製キーボードでもiPadで使えるトラックパッドを備えたものがあります。
トラックパッドを使うとiPadをパソコンのように操作できます。

基本 ├───┼───┼───● 応用
趣味 ├───┼───┼───● 実用

1 キーボードを接続する

トラックパッドのあるキーボードを接続
します❶。他社製のBluetoothキーボー
ドの場合は、103ページの手順で接続し
ます。

❶ キーボードを
接続します

2 ポインタを移動して
クリックする

操作はパソコンのトラックパッドと同様
です。トラックパッドの上で指先を動か
すと、画面上のポインタが動きます❷。た
とえばポインタをアイコンに合わせてか
らクリックすると、そのアプリが開きま
す❸。

❷ ポインタです

❸ ポインタを合わせて
クリックすると開きます

スクロールする

トラックパッドで2本の指を上下に動かすと、スクロールします**④**。

Point **トラックパッドの**
その他の操作

Appleのサポートのサイト (https://support.apple.com/ja-jp) で「トラックパッドジェスチャ」と検索すると、iPadのトラックパッドでできる操作を調べることができます。ただし他社製の製品の場合、動作が異なることがあります。

 トラックパッドの設定を変える

「設定」の [一般] をタップし**⑤**、[トラックパッド] (キーボードによっては [トラックパッドとマウス]) をタップします**⑥**。

ポインタの速度やスクロールの向きを設定する

目盛りをタップしてポインタの移動速度を変えられます**⑦**。[ナチュラルなスクロール] のスイッチをタップしてオン/オフを切り替えると、指の動きとスクロールする向きの関係が逆になります**⑧**。

Point **ポインタの設定を変える**

「設定」の [アクセシビリティ]をタップし、[ポインタコントロール] をタップします。次の画面でポインタのサイズや色を変えられます。

Chapter 3［メモ］

メモを取るには

iPadには「メモ」アプリが付属しています。シンプルなインターフェイスでテキストを入力できるアプリです。チェックリストや表を作ったり、写真を入れたりすることもできます。入力したメモはメール送信などができます。

基本 ●————————— 応用

趣味 ——————●——— 実用

▶ メモの基本

1 メモを入力する

ホーム画面で［メモ］をタップして起動します❶。メモのページ内をタップするとキーボードが表示されるので❷、メモを入力します❸。入力後に ⌨ をタップするとキーボードが隠れ、メモが確定します❹。

❶ タップして起動します

❷ タップします

❸ メモを入力します

❹ タップするとキーボードが隠れ、メモが確定します

2 ページの追加・移動・検索をする

メモの新しいページを追加するには、☑ をタップします❺。メモの別のページへ移動するには、メモのリストから目的のページをタップします❻。検索フィールドをタップしてから語句を入力すると、その語句を含むページを検索できます❼。

 Point メモのタイトル

メモの１行目が、左のリストに表示されるタイトルになります。

❺ タップしてページを追加します

❻ タップして別のページへ移動します

❼ タップしてから語句を入力して検索します

3 縦向きに持っている時

iPadを縦向きに持っている時は、左側にリストが表示されません。左上の をタップするとメモのリストが表示され❽、別のページへの移動やメモの検索ができます❾。

Point 音声入力できる

話し言葉でメモを入力することもできます。操作方法は94ページを参照してください。

❽ ここにある ▢ をタップすると

❾ ページの移動や検索ができます

4 ページを削除する

メモのページを削除するには、リストの項目を左へスワイプし❿、🗑 が表示されたらタップします⓫。これで削除されますが、削除したページは30日間は残っています。削除したページを見たり元に戻したりするには ▢ をタップします⓬。

❿ スワイプします　⓫ タップします　⓬ 元に戻したい時はタップします

5 削除したページを元に戻す

[最近削除した項目]をタップします⓭。元に戻したい項目を左へスワイプし⓮、🗂 をタップします⓯。この後、保存場所のリストが表示されたら[メモ]をタップします⓰。

Point タグを利用する

メモの本文の一部として「#営業会議」のように「#」に続けて語句を入力すると、タグになります。すると右の上図の画面にタグが表示され、タップするとそのタグが入力されているページが集められます。

⓭ タップします

⓮ スワイプします

⓯ タップします

⓰ この後、[メモ]をタップします

▶ メモの応用

1 チェックリストを作る

項目を入力し、選択します❶。☐をタップします❷。これでチェックリストになり、先頭の円をタップして進捗状況を管理できます❸。

❶ 選択します

❷ タップします

Point 箇条書きなどのリストを作る

同様に、項目を選択してから画面上部の Aa をタップすると、箇条書きなどのリストを作ることができます。

❸ チェックリストになりました

2 写真やビデオを挿入する

写真やビデオを入れたい場所にカーソルを置きます❹。◎をタップします❺。iPadに保存されている写真やビデオを入れるなら［写真またはビデオを選択］、この場で撮影するなら［写真またはビデオを撮る］をタップします❻。この後、写真を選ぶか、撮影します。

❹ カーソルを置きます

❺ タップします

❻ いずれかをタップします

Point 挿入した写真を削除するには

ページ上の写真またはビデオを長く押し、メニューが表示されたら［削除］をタップします。

3 書類をスキャンする

手順2のメニューで［書類をスキャン］をタップするとカメラの画面になるので、書類にカメラを向けます。認識されると書類が薄い黄色になり、自動で撮影されます。または◯をタップして撮影します❼。撮影後に、右下の［保存］をタップしてメモに保存します。

❼ 自動撮影されなければタップして撮影します

4 カメラで撮って
テキストを入力する

手順2のメニューで[テキストをスキャン]
をタップします。入力したいテキストをカ
メラで映します❽。テキストとして認識さ
れた部分の四隅に黄色のカギカッコのよ
うな囲みが表示されたら、[入力] をタッ
プします❾。

❽ カメラでテキストを
映します

❾ タップします

5 表を作成する

表を作成したい位置にカーソルを置き、
⊞ をタップします❿。表が作られるので、
セル (表内の枠) をタップしてから文字や
数字を入力します⓫。▦ や ⦙ をタップし
て、列や行の追加／削除ができます⓬。

❿ タップします

⓫ タップして入力します

研修の日程

⓬ タップすると行・列数を変えられます

6 メモの送信や
プリントなどをする

このメモを「メール」や「メッセージ」で送
信したりプリント (印刷) したりすること
ができます。⬆ をタップし⓭、使いたい機
能をタップします⓮。プリントの方法は
56ページを参照してください。

会議の資料

○ 営業報告
○ 管理職研修のスケジュール
○ 採用計画案

⓭ タップします

⓮ タップします

会議の資料

AirDrop　メッセージ　メール　リマインダー

コピー

マークアップ

プリント

"ファイル"に保存

アクション を編集...

Chapter 3 ［メモアプリのスケッチ機能］

メモのスケッチ機能を使うには

「メモ」アプリには手書きでスケッチする機能があります。 Apple Pencilを使えば、筆圧やペンの傾きに応じて異なる線を描けます。円や矢印などの図形を描いたり、手書き文字を認識する機能もあります。

| 基本 |————————●———| 応用 |
| 趣味 |—————●———————| 実用 |

1 スケッチを始める

をタップします❶。

❶ タップします

Point Apple Pencilに対応している

「メモ」アプリはApple Pencilに対応しています。Apple Pencilを使えば、描く線の太さや色の濃さを変えられます（71ページ参照）。

2 ツールを選んで描く

スケッチを描く画面に切り替わります。さまざまな描画ツールのいずれかをタップして選択します❷。左右にスクロールすると、隠れているツールが現れます。色もタップして選択します❸。それから、ドラッグして描きます❹。描き間違えた時は消しゴムをタップして選択し、タップまたはドラッグして消します❺。描き終わったらをタップします❻。これでメモのページにスケッチが保存されます。

Point ツールの設定を変える

図の❷で示した描画ツールと❺の消しゴムツールは、タップして選択した後でもう一度タップすると、太さや色の濃さを変えられます。

❷ いずれかをタップします

❸ タップして選択します

❹ ドラッグして描きます

❺ 描いたものを消します

❻ タップします

3 きちんとした図形を描く

円や四角、三角、直線などの図形を描きたい時は、描き終わった位置でしばらく指先やペン先を画面に触れたままにしておきます❼。するときちんとした図形に変わります。図の右側に示した形のいずれかを描いて指先やペン先をそのままにしていると矢印になります❽。

❼ 描き終わった位置で指先やペン先を画面に触れたままにします

❽ このような形を描くと矢印になります

4 直線を描く

ルーラツールをタップすると、画面にルーラが表示されます❾。ルーラはドラッグすると移動でき❿、2本指で回転させると角度を変えられます⓫。場所と角度を決めたら描画ツールでルーラに沿って描きます⓬。もう一度ルーラツールをタップすると、ルーラが消えます。

❾ タップします

❿ ドラッグして移動します

⓫ 2本指で回転して角度を変えます

⓬ ツールで描きます

5 描いたものを選択して操作する

投げ縄ツールをタップし⓭、描いたものを囲むようにドラッグすると選択されます⓮。選択した部分をドラッグすると移動できます⓯。タップするとメニューが表示され、コピーや削除などができます⓰。

 手書きの文字をテキストデータにする

このメニューにあるように、手書きで書いた文字を選択して［テキストとしてコピー］をタップすると、文字が認識されテキストデータとしてコピーされます。

⓭ タップします

⓮ ドラッグして囲み、選択します

⓯ ドラッグすると移動できます

⓰ タップするとメニューが表示されます

Chapter 3 ［クイックメモ］

すぐにメモを取るには

iPadを使っている時にいつでもメモを取ることができ、取ったメモは「メモ」アプリに保存されます。

基本 ├──┼──┼──●──┤ 応用
趣味 ├──┼──┼──●─┤ 実用

1 クイックメモを取る

画面の右下から斜め上にスワイプします❶。するとクイックメモが開き、「メモ」アプリと同様の操作でメモを取ることができます❷。メモを取り終わったら［完了］をタップします❸。するとクイックメモは閉じ、「メモ」アプリに保存されます。

Point クイックメモを開く操作を設定する

「設定」の［一般］→［ジェスチャ］をタップすると、左下からスワイプしてクイックメモを開くように変更できます。また、この操作にApple Pencilだけを使うか指も使うかを設定できます。

❶ スワイプします

❷ メモを取ります

❸ メモを取り終わったらタップします

2 アプリの画面からクイックメモを取る

手順1の図はホーム画面ですが、どのアプリを使っていても同様に操作できます。たとえば「Safari」を使っている時にクイックメモを開くと❹、［リンクを追加］をタップして表示されているWebページのURLを記録できます❺。この後、メモを加筆して保存できます。

❹ 「Safari」を使っています

❺ タップしてクイックメモにリンクを追加できます

③ クイックメモを見る

クイックメモを開くと、これまでのクイックメモを確認できます。複数のページがある場合は左右にスワイプしてページを移動します❻。

❻ スワイプしてページを移動できます

④ 「メモ」アプリで見る

クイックメモは「メモ」アプリに保存されるので、「メモ」アプリを開いて確認することもできます❼。▭をタップすると[クイックメモ]の項目があり、タップするとクイックメモだけが表示されます❽。

❼ 「メモ」アプリに保存されています

❽ タップし、次の画面で[クイックメモ]をタップするとクイックメモだけが表示されます

Point 手書きの電話番号などが認識される

「メモ」アプリやクイックメモに手書きで電話番号を書き、▦をタップして描画を終了すると❶、認識されて下線が付きます❷。タップするとFaceTimeを開始したりメッセージを送信したりすることができます❸。手書きの住所や日付、時刻も認識されます。

❶ 手書きした後にタップして描画を終了します

❷ 認識されて下線が付きます。タップします

0480-38-6872

❸ タップして発信などができます

Point 顔文字や絵文字を入力するには

メッセージやメールを彩り、コミュニケーションの助けにもなる顔文字や絵文字。もちろんiPadのキーボードからも入力できます。

●顔文字を入力する

日本語かなのフローティングキーボードには顔文字の[^_^]キーが表示されています。これをタップすると❶、上部に顔文字の候補が表示されます。左右にスワイプして探すか❷、▽をタップして一覧を表示します❸。使いたいものを見つけたらタップして入力します。

通常の日本語かなキーボードでは[☆123]キーをタップすると❹、[^_^]キーが表示されます。これをタップします❺。上部の候補を左右にスワイプして探すか、右端の△をタップして一覧を表示します。

日本語ローマ字キーボードでは、[?123]キーをタップします❻。すると[^_^]キーが表示されるので、タップして顔文字の候補を表示します❼。

●絵文字を入力する

キーボードの🌐を長く押して[絵文字]を選択すると❽、絵文字のキーボードになります。左右にスワイプして絵文字を探します❾。ジャンルをタップして探すこともできます❿。使いたい絵文字が見つかったらタップして入力します。

Chapter 4

iPadの設定をする

iPadを初めて使う時の設定アシスタントで基本的な設定は済んでいますが、後から設定を変更することもできます。設定アシスタントには含まれない設定項目もあります。使いやすいように設定しましょう。iCloudやバックアップなど、iPadを安心して使う方法も解説します。

Chapter 4 ［Wi-Fi］

Wi-Fiを設定するには

セットアップ時にWi-Fi（無線LAN）に接続する設定をChapter 1
で解説しましたが、その時に設定しなかった場合や、別のWi-Fiネット
ワークに接続する場合は、「設定」から手動で設定します。

基本 ●—＋—＋—＋—＋ 応用

趣味 ＋—＋—＋—＋—● 実用

► Wi-Fiネットワークに接続する

1

「設定」でネットワークを選択する

ホーム画面で［設定］をタップして起動し
ます。［Wi-Fi］をタップし❶、［Wi-Fi］をオ
ンにします❷。接続したいネットワーク名
が表示されたらタップします❸。

❶ タップします

❷ オンにします

❸ 接続したいネットワーク名をタップします

2

パスワードを入力して接続する

Wi-Fiルーターにパスワードが設定されて
いる場合はパスワードを入力し❹、［接続］
をタップします❺。

❹ 入力します

❺ タップします

接続が完了した

ネットワーク名にチェックが付き❻、右上にWi-Fiのアイコンが表示されたら接続完了です❼。

Point パスワードを確認する

パスワードを入力して接続したことのあるネットワーク名の右端にある ⓘ をタップし、次の画面で[パスワード]をタップして指紋などで認証すると、パスワードが表示されます。

❻ このネットワークに接続しました

❼ Wi-Fiに接続しています

▶ ネットワーク名が公開されていない場合

 [その他]から接続する

非公開の設定になっているネットワークは、画面に表示されません。その場合は、前ページ手順1で[その他]をタップします❶。ネットワーク名を入力します❷。[セキュリティ]をタップします❸。

❶ 前ページの手順1で[その他]をタップします

❷ Wi-Fiのネットワーク名を入力します

❸ タップします

 接続先のネットワークで使用されている方式を選択する

接続先のネットワークで使用されている方式をタップして選択します❹。[ほかのネットワーク]をタップします❺。すると上の手順1の画面に戻るので、パスワードを入力して、右上の[接続]をタップします。

❹ 使用する方式をタップします

❺ タップします

Chapter 4 ［パスコード］

パスコードを設定して
ロックをかけるには

iPadを他人に操作されないようにパスコードでロックしておきましょう。
iPadを置き忘れた時も、パスコードを破られない限り使われてしまうこ
とはありません。複雑なコードにすることもできます。

基本 ●————————— 応用

趣味 —————————● 実用

1 「設定」でオンにする

「設定」の［Touch ID（またはFace ID）
とパスコード］をタップします❶。［パス
コードをオンにする］をタップします❷。

❶ タップします　　❷ タップします

2 6桁のパスコードを入力する

パスコードの設定画面が表示されるので、
好きな6桁の数字を入力します❸。この
後、確認のために再度同じ数字を入力し
ます。さらにその後、Apple IDのパスワー
ドを求められた場合は入力して、［サイン
イン］をタップします。

❸ 数字を入力します

3 パスコードを要求する間隔を設定する

[パスコードを要求] をタップすると、ロックがかかって黒い画面になった後、何分経過したらパスコードの入力を求めるかを設定できます❹。ただし、次ページ以降で説明するように指紋または顔を登録してある場合は、[即時] 以外の設定にはできません。

 Point 不正操作時にデータ消去

不正な操作を防ぐため、パスコード入力に10回失敗すると自動でiPadのデータを消去する設定にするには、いちばん下にある[データを消去]をオンにします。

❹ パスコード入力までの時間を設定します

4 6桁の数字以外にする

手順2で [パスコードオプション] をタップすると、パスコードのルールを変更できます❺。任意の長さの英数字、任意の長さの数字、4桁の数字を選択できます。いずれかをタップしてから、そのルールに合うパスコードを設定します。

 Point ロック中にアクセスを許可

手順3の図で中ほどにある [ロック中にアクセスを許可] でオンになっている項目によっては、パスコードでロック解除をせずに受信したメールや「カレンダー」アプリの予定などを見たり、iPadを操作したりすることができます。注意して設定しましょう。

❺ 英数字や任意の長さでパスコードを設定できます

5 ロックを解除する

パスコードを設定すると、次にロック解除する時にパスコードの入力を求められます。図は6桁の数字パスコードを入力する画面です❻。英数字コードを設定した場合は、文字を入力する時と同様のキーボードが表示されます。

❻ 6桁の数字パスコード入力画面です

Chapter 4 ［Touch ID］

指紋認証を設定するには

iPadのトップボタン、またはホームボタンが指紋の読み取り装置になっていて、ボタンに触れるだけでiPadのロックを解除したり、コンテンツを購入したりすることができます。

基本 ●————————— 応用

趣味 ——————————●— 実用

1 指紋の登録を始める

118ページを参考に、あらかじめパスコードを登録しておきます。「設定」の [Touch IDとパスコード] をタップし❶、パスコードを求められたら入力します。[指紋を追加] をタップします❷。

❶ タップします　　❷ タップします

2 指紋を登録する

Touch IDの画面に切り替わったら、トップボタンまたはホームボタン（モデルにより異なります）に指を何度か軽く押し当ててスキャンします❸。自分が使いやすい指を登録しましょう。

❸ ボタンに指を当てます

Point 登録は5つまで

指紋は5つまで登録できます。左右の親指や人差し指などを登録すると、使いやすくなるでしょう。

3 何度か押し当てる

画面の表示に従って、ボタンに指を当て
て離す作業を繰り返して指紋をスキャン
します。[指紋のすべてをキャプチャー]
画面が表示されたら [続ける] をタップし
て、今度は指の縁をボタンに当てて離す
作業を繰り返します。[完了] 画面が表示
されたら [続ける] をタップします❹。

❹ タップして登録
完了です

4 Touch ID を使う場面を
設定する

[指紋1] として登録されました❺。別の
指を追加するには [指紋を追加] をタップ
します❻。また、指紋認証を使う場面を設
定します❼。ロック解除のほか、iTunes
Store や App Store での購入にも使え
ます。

Point 登録した指紋を削除するには

登録した指紋を削除したい場合は、[指紋
1] をタップし、次の画面で [指紋を削除]
をタップします。

❺ 登録された
指紋です

❻ 新しく指紋を
追加できます

❼ 指紋を使う場面をオンにします

5 Touch ID でロック解除する

ロック画面で、登録した指でトップボタン
またはホームボタンに触れます❽。すると
パスコードを入力することなく、ロックが
解除されます。ただし指紋を登録してあっ
ても、パスコードでロックを解除すること
もできます。

❽ 登録した指でボタンに触れます

Chapter 4 ［Face ID］
顔認証を設定するには

2018年11月以降に発売されたiPad Proには指紋を読み取るセンサーはなく、iPad前面のカメラで顔を認識してロック解除などをします。

基本 |—●—|—|—| 応用

趣味 |—|—|—|—●| 実用

1 顔の登録を始める

118ページを参考に、あらかじめパスコードを登録しておきます。「設定」の［Face IDとパスコード］をタップし❶、パスコードを求められたら入力します。［Face IDをセットアップ］をタップします❷。

❶ タップします

❷ タップします

2 開始する

iPadを縦向きに、カメラが上になるように持ちます。［開始］をタップします❸。

 登録後は横向きでも認識される

Face IDを登録する時はiPadを縦向きに持つ必要がありますが、その後、ロック解除などに使用する際には縦でも横でも認識されます。

❸ タップします

3 顔をスキャンする

円の中に顔が映るようにiPadの持ち方を
調整します。画面に示される矢印に従って
顔を動かします❹。各方向からの顔のス
キャンが完了すると［1回目のFace IDス
キャンが完了しました。］と表示されるの
で［続ける］をタップします。その後、1回
目と同じように顔を動かしながらスキャ
ンします。

❹ 顔を動かしながら
スキャンします

4 設定を完了する

［Face IDがセットアップされました］と
表示されます。［完了］をタップします❺。

❺ タップします

5 Face IDを使う場面を選ぶ

手順1の画面に戻ります。［iPadのロック
を解除］から［パスワードの自動入力］の
うち、使いたい場面のスイッチをタップし
てオンにします❻。するとその場面でパ
スコードなどを入力する代わりに、iPad
の画面に顔を向けて認証できます。

❻ 使いたい機能をタップして
オンにします

Chapter 4 ［位置情報］

位置情報サービスを
設定するには

iPadのWi-Fi＋CellularモデルはGPSやWi-Fiネットワーク、携帯
電話回線、Wi-FiモデルでもWi-Fiネットワークなどを利用して現在
の位置を取得できる「位置情報サービス」が備わっています。

基本 ├──┼──●──┼──┤ 応用

趣味 ├──┼──●──┼──┤ 実用

▶ 位置情報サービスの設定をする

1 正確な位置情報の設定をする

アプリを起動した時、位置情報の利用に
ついて確認されることがあります。［正確
な位置情報：オン］になっていると、現在
地がピンポイントで利用されます（誤差が
生じることもあります）。ここをタップす
るとオフになり、大まかな位置情報が利用
されます❶。

❶ タップしてオン／
オフを切り替えます

2 許可の設定をする

このアプリを使う時はいつも許可するな
ら［Appの使用中は許可］、今回だけ許可
するなら［1度だけ許可］をタップします
❷。［1度だけ許可］をタップした場合、次
にこのアプリを起動した時もまたこのダ
イアログが開きます。

❷ どちらかをタップして
オンにします

 Point 位置情報を利用するアプリ

現在地に関する情報を表示するアプリや、
場所の情報を記録するアプリなどがあり
ます。標準アプリの「マップ」や「カメラ」な
どのほか、他社製のアプリでも位置情報を
利用するものはたくさんあります。

3 位置情報サービスの設定を確認する

「設定」でも位置情報サービスを設定できます。「設定」の [プライバシーとセキュリティ] をタップし③、[位置情報サービス] をタップします④。

Point Appプライバシーレポート

この画面で右側の領域を下へスクロールして [Appプライバシーレポート] をタップすると、プライバシーに関わるデータを利用したアプリを記録し、確認できます。

❸ タップします　❹ タップします

4 オン／オフを変更できる

iPadの位置情報サービスをまったく使用しないなら、[位置情報サービス] のスイッチをタップしてオフにします❺。アプリやサービスごとにオン／オフを切り替えるには、目的の項目をタップし、次の画面で設定します❻。次の画面では、アプリによっては正確な位置情報のオン／オフも変更できます。

❺ タップしてサービス全体のオン／オフを切り替えます　❻ タップして設定を変更します

► 位置情報サービスの注意

1 「カメラ」アプリの位置情報

位置情報サービスは便利な機能ですが、場所の情報を誰かに知られたくない場合は注意が必要です。たとえば、「カメラ」アプリの位置情報サービスをオンにすると、撮影した写真に位置情報が付きます❶。この写真を人に渡すと、撮った場所がわかってしまいます。

❶ 「写真」アプリでは、位置情報から写真を見ることができます

Chapter 4 ［コントロールセンター］

すばやく設定を変えるには

コントロールセンターを使うと、いちいち「設定」を開かなくても、よく使う設定をすぐに変えられます。

基本 ●─────── 応用
趣味 ●─────── 実用

1 コントロールセンターを表示する

右上から下へスワイプするとコントロールセンターが表示されます❶。ホーム画面だけでなく、アプリを使っている時でも表示できます。コントロールセンターに表示される項目は、設定やiPadのモデルにより異なります。

❶ スワイプして表示します

2 タップして使用する

アイコンは、タップしてオン／オフを切り替えたり、アプリを起動したりします。

回転ロックのオン／オフ

「時計」アプリのタイマーを起動

消音モードのオン／オフ

カメラでQRコードを読み取り

「メモ」アプリを起動

「カメラ」アプリを起動

Point 回転ロックとは？

iPadを縦向き／横向きに持ち替えても画面が回転しないようにロックする機能です。

ドラッグして設定する

画面の明るさと音量は、上下にドラッグして設定します。画面の明るさを長く押すと、ダークモード、Night Shift、True Toneのオン／オフも設定できます。

Point Night Shiftとは？

夜間にデジタル機器の画面を見ていると睡眠に悪影響を及ぼすと言われています。Night ShiftをオンにするとiPadの画面が黄色みがかった色になり、睡眠への影響を減らせる可能性があります。

画面の明るさ

音量

 長く押して設定項目を表示する

通信に関する設定が集まっている部分は、アイコンをタップしてオン／オフを切り替えられますが、詳しく表示するには長く押します❷。

❷ 長く押します

タップか長く押して設定する

項目と現在の設定が表示されるので、アイコンをタップするか長く押して設定します❸。[AirDrop] はタップするとさらにメニューが表示されます。AirDropの使い方は52ページを参照してください。

Point 機内モードとは？

通信を制限された環境でiPadを使う時に利用するモードです。機内モードをオンにすると、Wi-Fiや電話回線など電波を使う機能を利用できなくなります。

❸ タップするか長く押して設定します

Chapter 4 ［コントロールセンターのカスタマイズ］

コントロールセンターを 使いやすくするには

前ページで解説したコントロールセンターにどの項目を表示するかを選ぶことができます。よく使う項目を表示すれば、すぐに利用できます。

基本 ──┼──┼──●──┼── 応用

趣味 ──┼──●──┼──┼── 実用

1 アプリ使用中に使うかどうか を設定する

「設定」の［コントロールセンター］を タップします❶。アプリの使用中にコントロールセンターを使うかどうかを設定 するには、［App使用中のアクセス］のス イッチをタップしてオン／オフを切り替 えます❷。

❶ タップします

❷ タップしてオン／ オフを切り替えます

2 表示項目を追加する

コントロールセンターに表示したい項目 の⊕をタップします❸。

❸ タップします

 画面収録

［画面収録］を追加し、コントロールセン ターでこのボタンをタップすると、iPad の画面を動画で録画できます。録画は「写 真」アプリに保存されます。

③ 使わない項目を削除する

今後は表示しない項目の⊖をタップします④。この後、右端に［削除］と表示されるのでタップします。

④ タップします

④ 表示される順番を変える

コントロールセンターに表示される順番を変えるには、▢を上下にドラッグします⑤。

⑤ ドラッグします

⑤ コントロールセンターに反映される

これらの設定がコントロールセンターに反映します⑥。

⑥ コントロールセンターに反映します

Chapter 4 ［iCloud］

iCloudを設定するには

Pro **Air** **iPad** **mini**

Appleが提供するiCloud（アイクラウド）は、無料のクラウドサービスです。バックアップやデータの同期、紛失したiPadを探すなど多くの機能と連携しているので、サインインして使いましょう。

基本 |—————●———| 応用
趣味 |————●————| 実用

1 iCloudの仕組み

iCloudはインターネットを介してデータをやりとりしたり、バックアップを取ったりすることのできるサービスです。一度設定すれば意識することなく利用できます。

インターネット上の
iCloud

iPadの「カレンダー」に
新しい予定を加えると…

iPhoneの
「カレンダー」にも新しい
予定が反映します

iPad

iPhone

2 iCloudにサインインする

15ページの初期設定でApple IDを設定していない場合は、「設定」でサインインできます。「設定」で［iPadにサインイン］をタップします❶。すでにApple IDを持っていれば、Apple IDとパスワードを入力して❷、［次へ］をタップします❸。このApple IDで2ファクタ認証がオンになっていれば次に認証画面が開くので、画面の指示に従います。2ファクタ認証については132ページを参照してください。

Point Apple IDを持っていない場合

この画面で［Apple IDをお持ちでないか忘れた場合］をタップし、画面の指示に従ってApple IDを新たに作成できます。

❶ タップします

❷ 入力します

❸ タップします

3 iPadのパスコードを入力する

iPadのパスコードを入力します❹。この後、同じApple IDを使っている別のデバイスのパスコードを求められた場合は入力します。

❹ 入力します

4 サインインが完了した!

サインインしました❺。[iCloud] をタップすると、使用する機能を選ぶなどの設定をすることができます❻。カレンダーなどを同期する方法は、206ページを参照してください。

❺ サインインしました　　❻ タップして詳しく設定します

5 ほかのデバイスでもサインインする

ほかのデバイスでも同じApple IDを使ってiCloudにサインインすると、データの同期などの機能を利用できます。iPhoneでも「設定」でiPadと同様にサインインします❼。

> **Point パソコンで利用するには**
>
> Macでは「システム設定」または「システム環境設定」でサインインして設定します。Windowsパソコンでは、Microsoft Storeから「Windows用iCloud」をダウンロードしてインストールし、サインインして設定します。

❼ iPhoneでも「設定」でサインインします

Chapter 4 ［2ファクタ認証］

Apple IDを 安全に使うには

情報の流出やアカウントの悪用を防ぐために、パスワードに加えて認証方法を追加するのが2ファクタ認証です。サインインする時に同じApple IDでサインインしている別のデバイスが必要なので、安全性が高まります。

基本 ●————————— 応用
趣味 ——————●— 実用

1 iPadでサインインを開始する

本書では、2ファクタ認証が有効なApple IDを使ってすでにiPhoneでサインインしていて、これからiPadでサインインする例を解説します。「設定」でiPhoneと同じApple IDとパスワードを入力し❶、[次へ]をタップします❷（130ページ手順2参照）。

2 サインイン済みのデバイスに通知が届く

もともとサインインしていたiPhoneに、別のデバイスからのサインインを知らせる通知が届きます。自分がサインインしようとしていて問題はないので、[許可する]をタップします❸。

Point 場所は正確とは限らない

この通知に表示される場所は、サインインしようとしているデバイスのWi-Fiや携帯電話回線から推測されているものなので、正確とは限りません。

③ サインイン済みのデバイスに確認コードが届く

iPhoneに確認コードが届きます❹。手順4の後、このメッセージは [OK] をタップして閉じます。

❹ 確認コードが届きます

④ iPadで確認コードを入力する

iPhoneに届いたコードを、iPadに入力します❺。6桁入力すると、自動で次へ進みます。このように、確認済みのデバイス（ここではiPhone）が手元にないと別のデバイスでサインインできないので、安全性が高まるのです。

❺ 入力します

⑤ iPadのパスコードを入力する

iPadのパスコードを求められた場合は入力します（131ページ手順3参照）❻。これでiPadでもサインインが完了します。

❻ 入力します

Chapter 4 ［探す］

iCloudを利用して
iPadを探すには

iPadをなくした時に、iCloudを利用してどこにあるか探すことができます。探すには、別のiPhoneやiPadの「探す」アプリを使います。リアルタイムに動きを追ったり、データを消去したりできます。

基本 ●———— 応用

趣味 ————● 実用

▶ 設定を確認する

1 探す設定を開く

紛失する前に設定を確認しておきましょう。iCloudにサインインすると、「探す」機能が自動でオンになります。「設定」で自分の名前をタップし、次に右側の[探す]をタップします❶。[iPadを探す]をタップします❷。

❶ タップし、次に右側の[探す]をタップします

❷ タップします

2 設定をオンにする

[iPadを探す]がオンになっていなければ、スイッチをタップしてオンにします❸。["探す"ネットワーク]をオンにすると、このiPadがインターネットに接続されていなくても探せる可能性があります。[最後の位置情報を送信]をオンにすると、バッテリーが切れる直前の位置情報がAppleに自動で送信されます❹。

❸ オンにします

❹ オンにすると探せる可能性が高くなります

▶ 紛失したiPadを探す

1 「探す」アプリを使う

自分のiPhoneやiPadが別にあれば、それを使って探せます。紛失したiPadと同じApple IDでiCloudにサインインします。「探す」アプリを起動し、[デバイスを探す]をタップすると、デバイスが表示されます❶。見つかったデバイスをタップします❷。

❷ どちらかをタップします

❶ タップします

Point Webブラウザからも探せる

自分のiPhoneやiPadがない場合は、パソコンを使ったり、ほかの人のデバイスを借りたりして探せます。WebブラウザでiCloudの「デバイスを探す」(https://www.icloud.com/find/) にアクセスし、紛失したiPadと同じApple IDでサインインします。

2 音を鳴らしたり紛失モードにしたりする

紛失したiPadから音を鳴らしたい場合は[サウンドを再生]をタップします❸。iPadが自分の近くにあれば音を頼りに探せますし、別の場所なら誰かが気づいてくれるかもしれません。iPadをロックして使えないようにするには[紛失としてマーク]の[有効にする]をタップします❹。この後、確認のメッセージが表示されたら[続ける]をタップします。次に、紛失したiPadにパスコードが設定されていなければ、設定する画面が表示されます。

❸ タップして音を鳴らします

❹ タップします

Point iPadを消去する

情報流出などが懸念される場合は、iPadの内容を遠隔消去することもできます。ただし消去すると、この機能で探せなくなることがあります。いちばん下にある[このデバイスを消去]をタップし、画面の指示に従います。

3 メッセージを入力してロックする

自分が連絡を受けたい電話番号を入力し❺、[次へ]をタップします❻。メッセージを入力し❼、[次へ]をタップします❽。電話番号やメッセージは省略しても構いません。次の画面で[有効にする]をタップします。これでiPadは紛失モードとなりロックされます。iPadのロック画面にはここで入力した電話番号とメッセージが表示されます。iPadでパスコードを入力すると紛失モードは解除されます。

❺ 入力します

❻ タップします

❼ 入力します

❽ タップします

Chapter 4 ［バックアップ］

バックアップを取るには

| Pro | Air | iPad | mini |

基本 ●──┼──●──┼── 応用

趣味 ──┼──┼──● 実用

iPadのバックアップを取ると、不具合が起きてリセットした時や、新しいiPadを購入した時にバックアップから復元できます。iCloudを使えば、自動でバックアップできます。

► iCloudでバックアップする

1 iCloudで バックアップできる項目

iCloudでバックアップすると、Wi-Fiを使ってiPadのデータをインターネット上のストレージ（保存場所）に保存できます。保存されるデータは右のとおりです。

Point iTunes Storeなどで購入したもの

iTunes Storeで購入した曲や映画、App Storeで購入したアプリなどは、バックアップに関係なく再ダウンロードできます。

iCloudでバックアップされるもの

● アプリのデータ
● Apple Watchのバックアップ
● デバイスの設定
● ホーム画面とアプリの配置
● メッセージ（iMessage、SMS、MMS。ただし、「iCloudにメッセージを保管」の設定にしていない場合のみ）
● iPhone、iPad、iPod touch上の写真とビデオ
● Appleのサービスからの購入履歴（音楽、映画、テレビ番組、アプリ、ブックなど）
● 着信音

※連絡先やカレンダーなどはiCloudと同期していればバックアップの対象にはなりません。写真やビデオはiCloud写真を有効にしていればバックアップの対象にはなりません。

2 設定を開く

「設定」を開きます。自分の名前の部分をタップし、右側で [iCloud] をタップします❶。[iCloudバックアップ] をタップします❷。

❶ タップし、次に右側の [iCloud] をタップします

❷ タップします

3 バックアップを作成する

オフになっていればスイッチをタップしてオンにします❸。これで、iPadが電源に接続され、ロックされ、Wi-Fiに接続されている時に自動でバックアップが作成されます。[今すぐバックアップを作成]をタップしてバックアップすることもできます❹。

❸ タップしてオンにします

❹ タップするとバックアップが始まります

4 iCloudの容量を追加する

無料で利用できるiCloudの容量は5GBです。バックアップを取ると足りなくなるかもしれません。その場合は容量を有料で追加できます。手順2の画面の上の方にある[アカウントのストレージを管理]をタップすると右図の画面になります。[ストレージプランを変更]をタップします❺。次の画面で容量と価格を確認してiCloud+にアップグレードします。206ページのコラム「iCloud+」と222ページのコラム「Apple One」も参照してください。

❺ タップします

▶ バックアップから復元する

1 バックアップを選ぶ

iPadをリセットした、新しく購入したなどの場合は、初期設定の際にバックアップからデータを戻すことができます（15ページ参照）。iCloudと❶、パソコンの❷、どちらから戻すか選択します。

> **Point** パソコンにバックアップを作成する
>
> パソコンとiPadをケーブルで接続してバックアップすることもできます。MacではFinderまたはiTunes（MacのOSのバージョンにより異なる）、WindowsパソコンではiTunesでバックアップを作成します。Windows用のiTunesは、AppleのWebサイトかMicrosoft Storeから入手できます。

❶ iCloudから戻す場合です

❷ パソコンから戻す場合です

Chapter 4 ［テザリング］

iPhoneの回線で
インターネット接続するには

Pro　Air　iPad　mini

iPad Wi-Fiモデルを外出先で使う場合などに、iPhoneの携帯電話
回線でiPadをインターネットに接続することができます。この使い方を
「テザリング」といいます。

基本 |———|———|———|———●———| 応用

趣味 |———|———|———|———●———| 実用

1 テザリングを利用する

本書では、iPhoneの携帯電話回線を使っ
てiPadでインターネットに接続する方法
を解説します。なおテザリングは携帯電話
会社によってオプションの契約を必要と
する場合があります。事前に契約やサービ
ス内容を確認しましょう。

iPadやパソコンから
iPhoneに接続

iPad

パソコン

Wi-FiやBluetoothで通信
またはUSBで有線接続

携帯電話回線を
経由してインター
ネットを利用

iPhone

2 「Instant Hotspot」を
利用する

あらかじめiPhoneとiPadで、同じApple
IDを使ってiCloudにサインインします。
また、両方ともBluetoothとWi-Fiをオン
にします。iPadで「設定」を開き［Wi-Fi］
をタップすると❶、iPhoneが表示されま
す。タップすると接続し、iPadからイン
ターネットに接続できます❷。この使い方
を「Instant Hotspot」と言います。

❶ タップします

❷ タップします

Point iPhoneを操作せずに
テザリングできる

Instant Hotspotを利用してテザリング
する場合は、iPhoneの操作は必要ありま
せん。ポケットやバッグに入れたままでも
iPadからテザリングを利用できます。

3 テザリングをオンにする

同じApple IDでiCloudにサインインしていない場合は、Instant Hotspotではなく、手動でテザリングを利用することもできます。iPhoneで「設定」を開き、[インターネット共有]をタップします❸。[ほかの人の接続を許可]のスイッチをタップしてオンにします❹。

❸ タップします

❹ タップします

4 パスワードを入力して接続する

iPadの手順2の画面で、ネットワークの一覧からiPhoneをタップします。手順3右図に示されているパスワードを入力し❺、[接続]をタップします❻。

❺ 入力します

❻ タップします

5 iPhoneには状況が表示される

接続中のiPhoneには、テザリング中であることが表示されます❼。このまま使っていると通信量が増え、iPhoneの携帯電話会社との契約の上限を超えてしまうおそれがあります。使い終わったらiPadで別のWi-Fiネットワークに接続したり、手順3の画面でスイッチをタップしてオフにするなど、接続を解除しましょう。

❼ このように表示されます

Chapter 4 ［壁紙と画面表示の設定］

画面の表示を設定するには

壁紙とは、画面の背景のことです。ライトモードとダークモードは最初のセットアップで選びましたが、いつでも変更できます。画面に表示される文字の大きさやロックがかかるまでの時間も使いやすいように設定しましょう。

基本 ├──●──┼──┤ 応用
趣味 ├──┼──●──┤ 実用

1 壁紙を変える

「設定」を開き、［壁紙］をタップします❶。［壁紙を選択］をタップします❷。この後、使いたい項目をタップして選び、設定します。

❶ タップします

❷ タップします

2 ライトかダークのモードを選ぶ

「設定」で［画面表示と明るさ］をタップします❸。［ライト］か［ダーク］のどちらかをタップして選択します❹。［自動］のスイッチをタップしてオンにすると、時間によってライトとダークが自動で切り替わります❺。

❸ タップします

❹ どちらかをタップします

❺ オンにすると時間によって自動で切り替わります

3 文字のサイズや太さを変える

「設定」の [画面表示と明るさ] で [テキストサイズを変更] をタップすると、次の画面で文字の大きさを変えられます❻。[文字を太くする] のスイッチをタップしてオンにすると、文字が太くなります❼。

 Point さらに文字を拡大する

ここで文字のサイズを最大にしてもまだ見づらい場合は「設定」の[アクセシビリティ] → [画面表示とテキストサイズ] → [さらに大きな文字]をタップして拡大できます。

❻ タップして次の画面で文字の大きさを変えます

❼ タップしてオンにすると文字が太くなります

4 画面がロックされるまでの時間を設定する

しばらくiPadを触らないでいると、自動でロックがかかり画面が暗くなります。「設定」の[画面表示と明るさ]で[自動ロック]をタップすると、次の画面でロックがかかるまでの時間を設定できます❽。

❽ タップして次の画面で時間を変更します

Point スクリーンタイムを設定する

「設定」の[スクリーンタイム]をタップし❶、スクリーンタイムをオンにします❷。すると、iPadを使用している時間が自動で集計され、確認できます❸。また、デバイスを原則として使用しない [休止時間] や❹、特定のアプリを使いすぎないようにする [App 使用時間の制限] なども設定できます❺。

❶ タップします

❸ 使用時間を確認します

❷ タップし、画面の案内に従って設定します

❹ iPadを使わない時間を設定します

❺ アプリごとに時間制限をかけます

公衆無線LANでインターネットに接続する

iPad Wi-Fiモデルを外出先に持ち出したので家で使っているWi-Fiが使えない、テザリングも使えないといった場合に、公衆無線LANサービスを利用してインターネットに接続できることがあります。公衆無線LANサービスは、駅、空港、カフェ、商業施設など多くの場所で利用できます。代表的なタイプをいくつか紹介します。なお、多くの人が同時に利用できるサービスなので、セキュリティの懸念があります。機密やプライバシーに関わる情報などは通信しない方がよいでしょう。

● 携帯電話会社のサービス

NTTドコモのdアカウントに関して一定の条件を満たすとドコモのd Wi-Fiを利用できるなど、携帯電話会社のサービスを利用できることがあります。また、iPad Wi-Fiモデルをソフトバンクショップ、Apple、一部の量販店で購入すると、最長2年間、ソフトバンクWi-Fiスポットを無料で利用できます。各社のWebサイトなどで利用できるサービスを確認してみましょう。

●「設定」で接続したら「Safari」で確認する

「設定」の [Wi-Fi] をタップし、接続するネットワークをタップします。パスワードが必要な場合は、入力して接続します。ネットワークによっては、これだけで利用できる状態になります。「Safari」を起動し、任意のWebサイトにアクセスして確認しましょう。

● ログインや利用登録が必要なネットワークもある

「設定」の [Wi-Fi] で接続した後、接続の確認やログイン、利用登録の画面が自動で開くことがあります。あるいは、「Safari」でWebサイトにアクセスしようとした時にログインや利用登録の画面が表示されることがあります。画面の指示に従って接続やログインをしたり、自分のメールアドレスなどを使って利用登録をしたりします。

Chapter 5

Safari、メール、メッセージを使う

Webページを見るためのブラウザとしてiPadOSに標準で搭載されているアプリが「Safari」です。「メール」アプリも標準で搭載されています。また、メッセージのやりとりに使う「メッセージ」アプリもあります。いずれも、一般によく使われるアプリです。

Chapter 5 ［Safariの基本］

ブラウザで Webページを見るには

iPadには「Safari」（サファリ）というブラウザアプリが搭載されています。このアプリでWebページを見るための基本を解説します。

▶ Safariの基本操作を知る

1 「Safari」を起動する

ホーム画面で［Safari］をタップして起動します❶。

❶ タップして「Safari」を起動します

2 サイドバーを閉じる

iPadを横向きに持っていると、左側にサイドバーが自動で開いていることがあります❷。▣をタップしてサイドバーを閉じ、Webページを広い画面で見られるようにしましょう❸。

❷ サイドバーが開いています

❸ タップして閉じます

3 URLを入力する

見たいWebページのURL（アドレス）が
わかっていれば、上部のフィールドをタッ
プしてからURLを入力します❹。入力す
ると、候補が自動で表示されます。候補の
いずれかをタップするか❺、最後まで入
力して🔙をタップします❻。

❹ タップしてから入力します

❺ 候補をタップするか

❻ URLを最後まで入力
してからタップします

4 ページ内の移動や 拡大／縮小をする

目的のページが開きます。上下左右にド
ラッグしてスクロールできます❼。ピンチ
オープン／クローズで拡大／縮小ができ
ます（できないページもあります）❽。

Point 引っぱって更新

表示されているページを指先で上から下
へ少し引っぱって離すと、最新の情報が読
み込まれて更新されます。

❼ ドラッグして
スクロールします

❽ ピンチオープン／クローズ
して拡大／縮小ができます

5 別のページに移動する

リンクをタップすると、リンク先のページ
へジャンプします❾。リンクをたどった後
で左端から右にスワイプすると前のペー
ジへ戻ります❿。戻った後に右端から左
にスワイプすると、次のページへ進みま
す⓫。左上の◁▷をタップしたり長く押
したりして戻ったり進んだりすることも
できます⓬。

❾ リンクをタップしてジャンプします

❿ スワイプでページ
を戻ります

⓫ スワイプでページ
を進めます

⓬ タップか長く押して
戻ります／進みます

▶ Webを検索する

フィールドをタップする

見たいWebページを検索して見つけるには、フィールドをタップします❶。

❶ タップします

Point お気に入りのページにジャンプする

この図のように、フィールドをタップするとお気に入りに登録されているページのアイコンが表示されるので、ここからタップしてジャンプできます。

キーワードを入力する

検索キーワードを入力します❷。検索候補が表示されるのでタップしてジャンプするか❸、⏎ をタップして入力したキーワードで検索します❹。ここでは ⏎ をタップします。

❷ キーワードを入力します

❸ タップしてジャンプするか

❹ タップして検索します

検索された！

検索結果が表示されるので、見たいページをタップします❺。

❺ タップします

Point Google以外で検索する

初期設定ではGoogleで検索されますが、YahooやBingなどに変更することもできます。「設定」の [Safari] にある [検索エンジン] をタップして設定します。

▶ 履歴や検索機能を活用する

1 履歴を表示する

前に見たページをまた見たい場合に、履歴からアクセスできます。□をタップしてサイドバーを開き❶、[履歴] をタップします❷。

❶ タップします

❷ タップします

2 履歴を利用する

見たいページをタップします❸。検索フィールドをタップして語句を入力すると履歴を検索できます❹。

❸ タップします

❹ タップして語句を入力し検索できます

3 上部のフィールドから履歴などを検索する

上部のフィールドをタップして語句を入力すると❺、Webの検索結果🔍、ブックマーク□、履歴◎ などが表示されます❻。さらに、現在開いているページ上の語句も検索することができます❼。ここから見たいものをタップします。

❺ タップして入力します

❻ Web、ブックマーク、履歴が検索されます

❼ ページ上の語句も検索できます

Chapter 5 ［複数ページ］

複数のページを
開いて使うには

「Safari」で複数のページを開き、切り替えながら見ることができます。「タブグループ」を使うと、1つのウインドウにタブが増えすぎることがなく、便利です。

基本 ──●──┼──── 応用

趣味 ──┼──●──── 実用

▶ タブやSplit Viewを使う

1 空白のページを追加する

新たに空白のページを開くには、⊞ をタップします❶。これで新しいタブが追加されます❷。新たに開いたタブでURLを入力したり検索したりして、見たいページを表示します。

❶ タップします

❷ タブが追加されました

2 リンクから新規ページを開く

リンクから新規ページを開くこともできます。ページ上のリンクを長く押し❸、［バックグラウンドで開く］をタップします❹。これで、リンク先が新しいタブとして開きます。

❸ リンクを長く押します

❹ タップします

Point メニューが異なることがある

「設定」の［Safari］で［新規タブをバックグラウンドで開く］がオフになっていると、❹のメニューは［新規タブで開く］になります。

3 複数のページを切り替える

複数のページを開いている場合はタブをタップすることで切り替えて見ることができます❺。タブを左右にドラッグして並べ替えられます❻。⊠をタップするとそのタブが閉じます❼。

❺ タップしてページを切り替えます

❻ ドラッグして並べ替えられます

❼ タップすると閉じます

4 ページを一覧で見る

⊡をタップすると❽、ページが一覧で表示されます。見たいページをタップして大きく表示します❾。⊡をタップする代わりに、ページをかなり小さく縮小するようにピンチクローズして一覧表示にすることもできます。

❽ タップします

❾ 見たいページをタップします

5 Split Viewで見る

手順2のメニューで［新規ウインドウで開く］をタップすると❿、リンク先のページがSplit View（28ページ参照）で表示され、2つのページを並べて見ることができます⓫。

❿ 手順2のメニューで［新規ウインドウで開く］をタップします

⓫ Split Viewで表示されます

 Webページを翻訳する

外国語のWebページを見る時に、アドレスフィールドの左端にある[ぁあ]をタップし、［日本語に翻訳］をタップすると翻訳されます。WebページのアドレスとコンテンツがAppleに送信されるため、最初に翻訳する時に確認のメッセージが表示されます。

▶ タブグループを使う

1 空の新規タブグループを作成する

複数のタブを集めたタブグループを作り、ウインドウを切り替えながら使うこともできます。□をタップしてサイドバーを開きます❶。□をタップし❷、[空の新規タブグループ]をタップします❸。

❶ タップします ❷ タップします ❸ タップします

2 タブグループの名前を入力する

タブグループの名前を入力し❹、[保存]をタップします❺。

❹ 入力します

❺ タップします

3 タブグループ内でブラウズする

作成したタブグループが選択されている状態でタブを開いてブラウズすると❻、これらのタブはこのタブグループに含まれることになります❼。

❻ 選択されています

❼ タブグループに含まれているタブです

4 ウインドウを切り替えたり タブを移動したりする

いちばん上の [X個のタブ] をタップすると⑧、もともとブラウズしていたウインドウに戻ります⑨。このように、サイドバーでタブグループを切り替えながら使えます。タブをドラッグして別のタブグループに移動することができます⑩。

⑧ タップします

⑨ もともとブラウズしていたウインドウです

⑩ ドラッグして移動できます

5 リンクからタブグループに開く

リンクを長く押し⑪、[タブグループに開く] をタップして⑫、次に開くメニューでタブグループをタップして選択すると⑬、選択したタブグループ内にリンク先のページを開くことができます。

⑪ リンクを長く押します

⑫ タップします

⑬ タブグループをタップして選択します

6 開いているタブから タブグループを作る

手順1のメニューで [X個のタブから新規タブグループを作成] をタップすると⑭、ここで開いているタブをすべて含むタブグループを新たに作成できます⑮。

 Point タブグループを削除する

タブグループを削除するには、タブグループの名前（右図では [iPadの情報]）を左へスワイプし、右端にゴミ箱のアイコンが現れたらタップします。削除すると、このタブグループ内で開いているタブはすべて閉じられます。

⑭ タップします

⑮ これらのタブが含まれるタブグループが作られます

Chapter 5 ［ブックマーク］

ブックマークやお気に入りを活用するには

よく見るWebページは「ブックマーク」か「お気に入り」に追加しておくとすぐに開くことができます。どちらに追加しても構いません。

基本 ├───●──┤ 応用

趣味 ├──●───┤ 実用

▶ ブックマークやお気に入りを追加する

1 追加したいページを表示する

追加したいページを表示し❶、□をタップします❷。［ブックマークを追加］または［お気に入りに追加］のいずれかをタップします❸。

❶ 追加するページを表示します

❷ タップします

❸ いずれかをタップします

iPad サポート

2 保存する

手順1で［ブックマークを追加］をタップした場合は、ブックマークに表示される名前を確認します。このままでも、変更しても構いません❹。［お気に入り］をタップすると❺、その下に［ブックマーク］が現れるので、これをタップします❻。［保存］をタップします❼。手順1で［お気に入りに追加］をタップした場合も名前を確認して保存します。

❹ 名前を確認します

❺ タップします

❻ タップします

iPad サポート

❼ タップします

3 ブックマークや お気に入りを使う

保存したブックマークを使うには、□を
タップしてサイドバーを開き❽、[ブック
マーク]をタップします❾。次の画面で
ブックマークやお気に入りをタップして
Webページを開きます。

❽ タップします

❾ タップします

▶ 「お気に入りバー」を利用する

1 お気に入りバーを表示する

「お気に入り」に保存したWebページは、
「お気に入りバー」として「Safari」の画面
に表示できます。「設定」を開き、[Safari]
をタップします❶。[お気に入りバーを表
示]のスイッチをタップしてオンにします
❷。

❶ タップします

❷ タップしてオンにします

2 お気に入りバーから開く

「Safari」にお気に入りが常に表示されま
す。すぐにタップして開けます❸。

❸ お気に入りバーです。
タップして開きます

Chapter 5 ［メールアカウント］

メールアカウントを設定するには

iPadの「メール」アプリで、iCloud、GoogleやYahoo!のメールサービス、プロバイダのメールアカウントなどを使ってメールメッセージを送受信できます。まずアカウントを設定しましょう。

基本 ●━━┼━┼━┼━━ 応用

趣味 ┼━┼━┼━┼━● 実用

▶ iPadで利用できるメールアカウント

1 ほとんどのメールアカウントを利用できる

iPadの「メール」アプリで、iCloudのほか、自分が加入しているプロバイダのメールアカウントやGmail、Yahoo!メール、Outlook.comなど、さまざまなメールアカウントを利用できます。携帯電話会社から購入したWi-Fi＋Cellularモデルでは、各社のメールサービスも利用できます。157ページのコラムを参照してください。

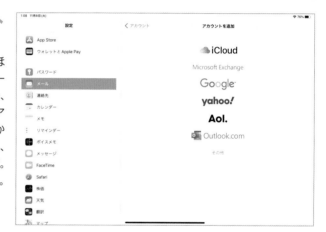

▶ iCloudのメールを使う

1 iCloudの設定を開く

すでにiCloudにサインインしていれば、すぐにメールを利用できます。「設定」で自分の名前をタップし❶、[iCloud]をタップします❷。

❶ タップします

❷ タップします

2 メールをオンにする

[iCloudメール] をタップします❸。次の
画面で [このiPadで使用] のスイッチを
タップしてオンにします❹。

❸ タップします
❹ 次の画面でオンにします

▶ Googleなどのアカウントを追加する

1 アカウントを追加する

iCloudにサインインしているアカウント
以外のものを追加する方法です。「設定」
の [メール] をタップし❶、[アカウント]
をタップします❷。次の画面で [アカウン
トを追加]をタップします❸。

❶ タップします
❷ タップします
❸ 次の画面で [アカウント
を追加] をタップします

2 アカウントの種類を選ぶ

追加するアカウントの種類をタップしま
す。ここでは例として [Google] をタップ
します❹。

❹ タップします

3 メールアドレスと パスワードを入力する

Googleアカウントのメールアドレスを入力します❺。[次へ] をタップします❻。次の画面で、パスワードを入力して [次へ] をタップします。

❺ 入力します

❻ タップします

4 使う機能を選ぶ

Gmailの機能のうち、どれを使うかを選ぶ画面になるので、スイッチをタップしてオン／オフを設定します❼。その後、[保存] をタップします❽。連絡先、カレンダー、メモの使用については208ページを参照してください。

❼ タップして 設定します

❽ タップ します

▶ プロバイダなどのメールアカウントを追加する

1 その他のアカウントを追加する

プロバイダのメールアカウントなど、前ページいちばん下の手順2の図にないものを追加するには、[その他] をタップします❶。[メールアカウントを追加] をタップします❷。

❶ 前ページ手順2で [その他] をタップします

❷ タップします

② メールアドレスなどを入力する

必要な内容を入力し❸、[次へ] をタップします❹。アカウントによっては、これだけで設定が完了します。

❸ 入力します

❹ タップします

③ サーバの情報などを入力する場合もある

手順2で完了しない場合は設定の画面が開きます。サーバのアドレスなどを画面の指示に従って入力し、設定します❺。入力する情報は、プロバイダの書類やWebサイトなどで確認してください。

❺ 画面の指示に従って進めます

Point 携帯電話会社のメールサービスを利用する

Wi-Fi＋Cellular モデルのiPadでは、携帯電話会社との契約に応じて、各社のメールサービスも「メール」アプリで利用できます。NTTドコモでは「@docomo.ne.jp」、auでは「@au.com」か「@ezweb.ne.jp」、ソフトバンクでは「@i.softbank.jp」のメールアカウントが付与されます。購入時に販売店で設定が完了していることもありますが、自分で設定する場合には各社のWebサイトなどを参照してください。各社とも、Webサイトから「プロファイル」と呼ばれる設定ファイルをダウンロードして設定できます。

Chapter 5［メールの受信］

メールを受信するには

「メール」アプリを起動し、受信メッセージの一覧をタップして読みます。不要になったメッセージは削除しましょう。

基本 ●——┼——┼——┼ 応用
趣味 ┼——┼——┼——● 実用

▶ メールメッセージを読む

1 メールの未読数が表示される

未読の受信メッセージがあると、[メール]のアイコンに数字が表示されます❶。このアイコンをタップして起動します。

❶ 未読メッセージ数が表示されます。タップします

2 メッセージを読む

一覧からメッセージをタップすると❷、読むことができます❸。複数のメールアカウントが設定されている場合、をタップすると別のアカウントに切り替える画面になります❹。

Point iPadを縦向きに持っている時

iPadを縦向きに持っていると、メッセージの内容がフルスクリーンで表示され、左側のメッセージの一覧は隠れています。画面左上のをタップした時だけ一覧が現れ、一覧からメッセージをタップすると一覧は自動で隠れます。

❷ タップすると

❸ 内容が表示されます

❹ タップしてアカウントを切り替えられます

▶ 受信メールメッセージを整理する

削除や状態の変更をする

不要なメールメッセージは、右から左端までスワイプすると、すぐに削除できます❶。逆に左から右にスワイプすると、開封済みのメールメッセージを未開封にすることができます❷。未開封の場合は開封済みになります。

メニューから操作する

右から左に少しスワイプすると、メニューが表示されます❸。ゴミ箱をタップしてメッセージの削除、[フラグ]をタップしてメッセージに目印を付けることができます。[その他]をタップすると返信などができます❹。

Point メッセージを長く押す

一覧からいずれかのメッセージを長く押すと、そのメッセージのプレビューとメニューが表示されます。

いっぺんに削除する

[編集]をタップし❺、メールメッセージを次々にタップして選択します❻。[ゴミ箱]をタップすると、まとめて削除できます❼。

Point [アーカイブ]と表示される

Gmailアカウントの場合は、[ゴミ箱]ではなく[アーカイブ]と表示されます。

Chapter 5 ［メールの送信］

メールを送信するには

Pro Air iPad mini

新規のメッセージや、受信したメッセージに対する返信のメッセージを
作成し、送信します。写真を添付して送ることもできます。メッセージ作
成画面に関する便利な操作も紹介します。

基本 ●—|—|—|— 応用
趣味 |—|—|—● 実用

▶ メールメッセージを作成して送る

1 宛先を入力する

「メール」アプリを起動し、✏️ をタップし
ます❶。［宛先］に送る相手のメールアド
レスを入力するか❷、⊕ をタップして「連
絡先」アプリから選択します❸。

❶ タップします

❷ 送り先のメールアドレスを
入力するか

❸ タップして「連絡先」アプリから
宛先を選択します

2 発信元を確認する

複数のアカウントを設定している場合は、
どのアカウントから送信するかを決めま
す。自分のアカウントが表示されている部
分をタップします❹。

❹ タップします

3 アカウントを選択する

[差出人] に書かれているアカウントを
タップします❺。メニューが表示された
ら、発信元にしたいアカウントをタップし
て選択します❻。

❺ タップします

❻ タップして
選択します

4 件名と本文を入力して送信する

[件名] と本文を入力し❼、⬆ をタップし
て送信します❽。なお、⬆ を長く押すと、
メッセージを送信する日時を指定して、後
で送信できます。

 Point 送信を取り消す

❽をタップした直後、左側のメッセージの
リストの下部に [送信を取り消す] と10秒
間表示され、これをタップすると送信を取
り消せます。取り消せる時間を10秒より
長くしたい場合は、「設定」で左側の [メー
ル] をタップし、右側の [送信を取り消すま
での時間] をタップして設定します。

❼ 件名と本文を入力します

❽ タップして送信します

5 受信したメッセージに返信する

返信したいメッセージをタップして選択
します❾。◁ をタップし❿、[返信] をタッ
プします⓫。これで、メッセージ作成画面
が開くので、本文を入力して送信します。

❾ タップします

❿ タップします

⓫ タップします

▶ 写真を送る

1 写真を添付する

写真を入れたい位置にカーソルを置いてから、その位置をタップします❶。メニューが表示されたら、[写真またはビデオを挿入] をタップします❷。なお、メニューに [写真またはビデオを挿入] が表示されていない場合は、メニューの右端にある › をタップして表示します。この後、「写真」アプリに保存されている写真が表示されるので、選択します。

❶ タップします　❷ タップします

2 写真の大きさを変更する

添付する写真の容量が大きい場合、縮小してから送信できます。容量が書かれているところをタップします❸。この後、選択肢が表示されるのでタップして選択します。

❸ タップします

▶ メッセージ作成画面を操作する

1 タイトルバーをスワイプする

メールメッセージを作成中にほかのメッセージなどを確認したくなっても、書きかけのメッセージを閉じる必要はありません。[…] を下へスワイプします❶。または作成中のメッセージ以外のどこかをタップします❷。

❶ 下へスワイプします

❷ またはどこかをタップします

2 ほかのメッセージを参照する

シェルフ（33ページ参照）になります❸。画面のどこかをタップするとシェルフは一時的に消えますが❹、［…］をタップすると再びシェルフが表示されます❺。シェルフから作成中のメッセージをタップすると、前ページいちばん下の手順1の画面に戻ります。

❸ シェルフになりました

❹ タップするとシェルフは消えます

❺ 消えた後でタップすると、シェルフが再度表示されます

3 Split Viewか Slide Overにする

シェルフにする方法のほかに、作成中のメッセージの上部にある［…］をタップし❻、［Split View］❼か［Slide Over］❽をタップしてどちらかの表示にすることもできます。

❻ ここにある［…］をタップします

❼ タップしてSplit Viewにします

❽ タップしてSlide Overにします

Point 署名を編集する

新規や返信のメッセージを作成すると、本文に自動で署名が挿入されます。初期状態では「iPadから送信」となっています。署名を編集するには「設定」を開いて［メール］をタップし❶、［署名］をタップして❷、次の画面で署名を入力します。複数のアカウントが設定されている場合、すべてのアカウントで同じ署名を使うことも、アカウントごとに変えることもできます。

❶ タップします

❷ タップします

Chapter 5 ［メッセージ］

メッセージで やり取りするには

「メッセージ」アプリでは、Apple IDを利用してメッセージのやり取りができます。画面上部に表示される通知からすばやく返信する方法もあります。

基本 ●————————————— 応用

趣味 —————————————● 実用

▶「メッセージ」アプリで使うApple IDを確認する

1

Apple IDを確認する

「メッセージ」アプリでは、基本的にApple IDでメッセージをやり取りします。この仕組みを「iMessage（アイメッセージ）」と言います。「設定」の［メッセージ］をタップします❶。セットアップでApple IDを設定していればサインインしていますが、まだしていなければApple IDとパスワードを入力してサインインします。［iMessage］をオンにします❷。相手からは［送受信］に表示されているApple IDのアドレス宛にメッセージを送ってもらいます。自分からメッセージを送ると、相手にはこのアドレスが通知されます❸。

❶ タップします

❷ オンになっているのを確認します

❸ このアドレスが使用されます

▶「メッセージ」アプリでメッセージを送受信する

1

新規メッセージを作成する

新しくメッセージを作成するには、「メッセージ」アプリを起動して☑をタップします❶。宛先を入力するか❷、⊕をタップして「連絡先」アプリから選択します❸。文章を入力し❹、⬆をタップして送信します❺。

❶ タップします

❷ 入力するか

❸ タップして宛先を選択します

❹ 入力します

❺ タップします

相手からのメッセージが表示される

相手からメッセージが来ると、左側に表示されます❻。右側は自分が送ったメッセージです❼。

Point メッセージの編集や取り消し

右図の❼で示した送信済みメッセージを長く押すと、編集（送信後15分以内）や取り消し（送信後2分以内）ができます。相手は編集前のメッセージも見ることができます。取り消したメッセージは相手には見えませんが、取り消したことは表示されます。ただし、相手のOSのバージョンによって動作が異なることがあります。

❻ 相手からのメッセージです

❼ 自分が送ったメッセージです

着信通知が表示される

「メッセージ」アプリのアイコンには未読の件数が表示されます❽。
「メッセージ」アプリを開いていなくても、着信すると通知が表示されます。返信するには、この通知をタップして「メッセージ」アプリに切り替えるか、通知を下へワイプします❾。

Point Macともやり取りできる

「メッセージ」アプリを使って、iPhoneやMacともやり取りをすることができます。

❽ 未読件数が表示されます

❾ 着信通知です。下へスワイプします

着信通知から返信する

通知を下へスワイプすると、「メッセージ」アプリに切り替えなくても、すぐに返信メッセージを入力し❿、↑をタップして返信できます⓫。

Point 「開封証明」とは？

初めてメッセージをやり取りした時に「相手に開封したことを通知しますか？」と表示されます。[許可]をタップすると、自分がメッセージを見たことが送信した相手に通知されます。

❿ 入力します

⓫ タップします

Chapter 5 ［あなたと共有］

メッセージでコンテンツを共有するには

Pro Air iPad mini

「メッセージ」アプリでURLなどを受け取ると、後で見たい時に見つけづらいことがあります。Webなら「Safari」など、該当するアプリの［あなたと共有］にメッセージで受け取った内容が表示され、すぐに利用できます。

基本 ├──┼──┼──●── 応用
趣味 ├──┼──┼──●── 実用

1 設定を始める

「設定」を開きます。［メッセージ］をタップし❶、［あなたと共有］をタップします❷。

❶ タップします

❷ タップします

2 ［あなたと共有］を有効にする

［自動共有］のスイッチをタップしてオンにします❸。連携したいアプリのスイッチをタップしてオンにします❹。

❸ タップしてオンにします

 「連絡先」の保存が必要

次ページのように「Safari」などの［あなたと共有］に表示されるのは、「連絡先」アプリに保存されている相手から受け取ったメッセージのコンテンツに限ります。「連絡先」アプリについては202ページを参照してください。

❹ 連携するアプリをオンにします

3 メッセージでURLが送られてきた

ほかの人からWebページのURLがメッセージで送られてきました。タップすると「Safari」でこのページが開きますが、後で見ようとした時にメッセージのどこにあったかわからなくなってしまうことがあります❺。

❺ タップすればWebページにアクセスできますが、後になると見つけづらいこともあります

4 「Safari」の［あなたと共有］からアクセスする

「Safari」で新規タブを開くとメッセージで共有されたURLが自動で表示され、タップしてアクセスできます❻。サイドバーに［あなたと共有］があり、ここをタップして利用することもできます❼。

❻ 新規タブからタップしてアクセスできます

❼ ここをタップして利用することもできます

5 共有してくれた人にメッセージを送る

アクセスしたWebページの上部に、メッセージで送ってくれた人の名前が表示されます。ここをタップしてすぐにメッセージを送信できます❽。

❽ タップするとメッセージを送信できます

Point 「Safari」以外のアプリ

「ミュージック」では［今すぐ聴く］、「TV」では［今すぐ観る］、「写真」では［For You］、「Podcast」では［今すぐ聴く］に、メッセージで共有されたコンテンツが［あなたと共有］として表示されます。

Point ミー文字とステッカー

自分に似せた顔などを作り、表情豊かなステッカーを「メッセージ」アプリで送信できます。2018年11月以降に発売されたiPad Proでは、作った顔のアニメーションと声を送信することもできます。

●ミー文字を作る

自分に似せた顔やキャラクターのようなものを作ることができます。「メッセージ」アプリで、iPad Proでは 🐵 か ☁ をタップします。それ以外のiPadでは 🐵 をタップします❶。➕ をタップします❷。

肌、ヘアスタイル、眉毛……と順番に進んで顔を作っていきます❸。完成したら［完了］をタップします❹。

●ステッカーとして使う

メッセージを送る時に、🐵 をタップします❺。使いたい顔をタップすると❻、さまざまな表情のステッカーをタップして利用できます❼。

●ミー文字で顔のアニメーションを送信する

iPad Proで 🐵 をタップし、左右にスワイプして使う顔を選んだら、赤い録画ボタンを押して話します。すると表情と声が記録され、顔のアニメーションを送信できます。

Chapter 6

写真やビデオを楽しむ

iPadには高品質のカメラが搭載され、パノラマ写真や連写などの機能もあります。ビデオや、スローモーションビデオなどを撮影することもできます。写真やビデオの編集機能も、標準で搭載されています。カメラや写真に写る文字をテキストデータとして認識する方法も紹介します。

Chapter 6 ［カメラ］

iPadのカメラで
写真を撮るには

iPadはレンズの性能もよく、美しい写真を簡単に撮影できます。撮影の基本操作を知っておきましょう。

基本 ●———————— 応用

趣味 |———●——| 実用

---

1 カメラを起動する

ホーム画面で［カメラ］をタップして起動します❶。初めて起動した時などに位置情報のダイアログが表示されます。正確な位置情報を記録するかどうかをタップして設定します❷。［1度だけ許可］または［Appの使用中は許可］をタップすると、撮影した写真やビデオに位置情報が記録されます❸。ただし撮影時に携帯電話回線やWi-Fiネットワークに接続しないと、位置情報が認識されない、または不正確になることがあります。

❷ タップして
設定します

❸ どちらかをタップ
すると位置情報が
記録されます

❶ タップして
起動します

---

2 写真を撮影する

撮影モードを上下にスワイプして［写真］または［スクエア］を選択します❹。［スクエア］を選択すると正方形の写真が撮れます。［写真］を選択した場合、■をタップして斜線の入った状態にします❺。○をタップすると撮影できます❻。撮影した写真は「写真」アプリに自動保存されます。

Point 本体のボタンで撮影する

iPad本体の音量を上げる、または下げるボタンを押して撮影することもできます。

❹ スワイプして［写真］か
［スクエア］を選択します

❺ 斜線が入った
状態にします

❻ タップします

---

3 Live Photosを撮影する

をタップして黄色の三重丸の状態にします❼。をタップして撮影します❽。これでLive Photosを撮影できます。

❼ 斜線のない状態にします

❽ タップします

Point Live Photosとは？

シャッターを押した瞬間の前後1.5秒ずつ、計3秒の動画と音を記録した短い動画、言ってみれば「動きのある写真」です。

4 撮影した写真を確認する

撮影した写真をすぐに確認するには、写真のサムネール（縮小表示）をタップします❾。

❾ タップします

Point ロック画面からすぐに起動する

ロック画面で右から左へスワイプして「カメラ」アプリを起動することもできます。ロックされた状態からすぐ撮影したい時に便利です。

5 写真が表示される

写真が表示されます。左右にスワイプして前後の写真に移動できます❿。失敗した写真はをタップし⓫、[写真を削除]をタップして削除できます⓬。をタップすると、撮影に戻ります⓭。

❿ スワイプして移動できます

⓫ タップします

写真を削除

⓬ タップして削除します

⓭ タップして撮影に戻ります

Point Live Photosを見る

Live Photosは、写真を押したままにしていると動きます。

Chapter 6［ビデオの撮影・再生・編集］

ビデオを撮影して編集するには

iPadの内蔵カメラでビデオを撮影するには、写真撮影と同じく「カメラ」アプリを使います。背面のカメラで通常のビデオのほか、スローモーション、タイムラプスのビデオが撮れます。

基本 ●——┼——┼——┼ 応用
趣味 ┼——┼——●——┼ 実用

▶ ビデオを撮影する

モードを切り替える

「カメラ」アプリを起動します。モードをスワイプして、［ビデオ］、［スロー］、［タイムラプス］のいずれかを選択します❶。録画ボタンをタップして、録画を始めます❷。

Point タイムラプスとは？

一定間隔で撮った写真をパラパラマンガとして再生し、高速の早送りのような動画にするものです。テレビやインターネットで、カメラは動かずに日の出から日の入りまでが超高速で移り変わるといった映像を見たことはありませんか？ あのような動画をタイムラプスで撮影できます。

❶ スワイプして選択します

❷ タップして録画開始します

撮影中にズームする

ビデオやスローの撮影中に画面をピンチオープン／クローズして、ズーム撮影できます❸。録画ボタンをタップして撮影を終了します❹。

Point 撮影をサポートする機能

ビデオ撮影でも人の顔が認識されて、ピントが合います。手ぶれ補正機能も搭載されています。

❸ ピンチしてズームできます

❹ タップして撮影を終了します

3 撮影中にピントを変える

画面上をタップするとそこにピントが合います。これを利用して、ある場所をタップして撮り始め❺、撮影中に別の場所をタップしてピントの合う位置を変えられます❻。

❺ タップして撮り始め

❻ 撮影中にタップすると
ピントが移動します

▶ ビデオの画質と容量を選ぶ

1 ビデオ撮影の設定を変える

高画質の設定だと美しく撮れますが、iPadの保存容量を多く必要とします。ビデオをたくさん撮って容量が不足気味になるなら、設定を見直すとよいでしょう。「設定」の[カメラ]をタップし❶、[ビデオ撮影]をタップします❷。

 スロー撮影の設定

モデルによっては120fpsと240fpsの2種類のスローモーションビデオを撮ることができます。右図の画面で[スローモーション撮影]をタップすると設定できます。240fpsはスーパースローです。

❶ タップします

❷ タップします

2 設定を選択する

使用する設定をタップして選択します❸。一覧の上のものほど容量が少なく、下のものほど高画質で大容量です。ここに表示される項目は、iPadのモデルにより異なります。

 iPadの空き容量を確認する

「設定」の[一般]をタップし、[情報]または[iPadストレージ]をタップすると、空き容量を確認できます。

❸ タップして選びます

▶ 撮影したビデオを見る

1 「写真」アプリで見る

撮影したビデオは、写真と同様に撮影後にサムネールをタップして再生できます（171ページ参照）。または、「写真」アプリから探します。ビデオのサムネールには時間が表示されています。ビデオをタップします❶。

❶ ビデオはこのように表示されます。タップします

2 再生をコントロールする

再生が始まります。⏸ をタップすると、一時停止します❷。🔊 をタップすると音を出したり止めたりできます❸。画像が並んでいる部分を左右にドラッグすると、見たい箇所を頭出しできます❹。

❷ タップして一時停止します

❸ タップして音をオン／オフします

❹ ドラッグして頭出しできます

▶ ビデオの不要な部分を切り取る

1 編集を開始する

ビデオを表示し、[編集]をタップします❶。

❶ タップします

2 残す部分を選択する

■をタップします❷。タイムライン（下部に表示される横長の部分）の、左右いずれかの端を長く押したまま少し動かすと黄色の枠が表示されます。そのまま左右にドラッグして、残したい部分だけが黄色の枠で囲まれるようにします❸。その後、✓をタップします❹。メニューのどちらかをタップして保存します❺。

❷ タップします

❸ ドラッグします

❹ タップします

❺ どちらかをタップします

▶ スロー再生の範囲を変える

1 編集を開始する

スローモーションのビデオを表示して［編集］をタップします❶。

❶ タップします

2 範囲を調整する

短い縦線の部分を左右にドラッグして、スロー再生したい部分を選びます❷。線の間隔がまばらな部分が、スロー再生される範囲です。▶をタップすると確認できます❸。設定が終わったら✓をタップします❹。

❷ 左右にドラッグします

❸ タップして再生できます

❹ 設定後にタップします

Chapter 6［カメラの活用］

さまざまな写真撮影を楽しむには

前面のカメラ、ズーム、露出の調整、タイマーなど、iPadのカメラにはまだまだたくさんの機能があります。用途に応じて活用しましょう。

基本 ├──────●──┤ 応用

趣味 ├──●──┼──┤ 実用

▶ カメラのさまざまな機能を使う

1 前面と背面のカメラを切り替える

自分撮りなどのために前面のカメラと背面のカメラを切り替えるには、◎をタップします❶。カメラが交互に切り替わります。

Point ポートレートモード

2018年以降に発売されたiPad Proは、前面カメラでポートレートモードの撮影ができます。ポートレートモードで撮ると、背景がぼけて人物が引き立つ写真になります。

❶ タップします

2 任意の場所にピントと露出を合わせる

通常は中心部を基準にピントと露出が自動で調整されますが、タップしてその部分にピントと露出を合わせることもできます❷。明るい場所をタップすると、そこにあわせて全体が暗くなります。反対に、暗いところをタップすると全体が明るくなります。

Point ピントと露出を固定する

ピントと露出を合わせたい部分をタップではなく長く押すと、その部分にAE/AFロックされます（AEは自動露出、AFはオートフォーカス）。iPadを動かしてもピントと露出が動きません。

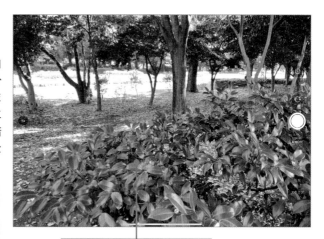

❷ タップしたところを基準に調整されます

③ 露出を手動で調整する

手順2で解説したように画面をタップしてピントと露出を合わせてから、画面の任意の場所を上へスワイプするとより明るく、下へスワイプするとより暗くなります❸。好みの明るさにしてから撮影します。

❸ 上下にスワイプして明るさを調整します

④ タイマーを使う

をタップし❹、[3秒] または [10秒] のいずれかをタップして選択します❺。この後、シャッターボタンを押すと、選択した秒数の後に高速で10枚連写されます。

Point 顔は自動で認識される

人の顔を認識すると、そこに対してピントと露出が自動調整されます。検出された顔に目印の枠が表示されます。

❹ タップします

オフ　3秒　10秒

❺ タップして選択します

⑤ ズームして撮影する

ズームするには、2本の指でピンチオープン／クローズします❻。画面に倍率の数字が表示されているモデルでは、倍率の数字をタップしたり、長く押してからドラッグしたりしてズームすることもできます。

❻ ピンチオープン／クローズしてズームします

6 バーストで連写する

撮影モードを[写真]または[スクエア]に合わせ❼、◯を押したままにします❽。押している間、1秒間に10回という速さでシャッターが切れます。これを「バースト」といいます。

❼ [写真]または[スクエア]にします

❽ 押したままにすると高速で連写できます

7 フラッシュをたいて撮る

一部のモデルにはフラッシュが内蔵されています。⚡をタップし❾、[自動]または[オン]をタップして選択してから撮影します❿。[自動]は、暗い時に自動でフラッシュが光ります。[オン]は常にフラッシュが光ります。

❾ タップします

❿ どちらかをタップします

8 グリッドを使う

「設定」の[カメラ]をタップし⓫、[グリッド]をオンにします⓬。これで、「カメラ」アプリで撮影する画面に、縦横をそれぞれ3分割する細線が表示されます。構図を決めたり傾かないように撮ったりするのに役立ちます。

水平をとる

[グリッド]をオンにしている時、iPadを真上または真下に向けて撮ろうとすると、画面の中心に白と黄色の小さな十字が現れます。この2つの十字がぴったり重なるようにiPadの角度を調整すると、水平になります。

⓫ タップします

⓬ タップしてオンにします

⑨ QRコードを利用する

手順8の画面で［QRコードをスキャン］をオンにしておきます。カメラをQRコードに向けると読み取られます⑬。WebサイトのURLの場合は、QRコードの下の認識結果をタップしてアクセスできます⑭。または■をタップしてリンクをコピーしたりすることもできます⑮。

⑬ カメラをQRコードに向けます

⑭ タップしてアクセスします

⑮ タップしてコピーなどができます

▶ パノラマ撮影をする

① パノラマモードを使う

撮影モードを［パノラマ］に合わせます❶。この図は、iPadを縦向きに持ち、左から右へ動かして横長のパノラマ写真を撮影する状態です。撮り始めたいところにiPadを向けてから○をタップします❷。

Point 撮る方向を変える

画面の中ほどにある白い矢印をタップすると矢印の向きが変わり、右から左へ撮影できます。また、iPadを横向きにかまえると、縦長のパノラマ写真を撮影できます。

❶ ［パノラマ］に合わせます

❷ 撮り始めたいところに向けてからタップします

② 動かしながら撮る

白い矢印がセンターラインからずれないように気をつけながら、右へ回転していきます❸。目的のところまで動かしたら○をタップして撮影を停止します❹。パノラマで撮影できる最大範囲まで動かすと、タップしなくても自動で撮影が終了します。

❸ iPadを右へ動かします

❹ タップして撮影を停止します

Chapter 6 ［写真の閲覧と整理］

写真やビデオを見るには

Pro **Air** **iPad** **mini**

写真やビデオは「写真」アプリに保存されています。写真やビデオを見
たり、アルバムを作って整理したりする方法を紹介します。

基本 ●———┼———┼——— 応用
趣味 ——┼——●——┼—— 実用

▶ 写真を見る

1 年別に見る

ホーム画面で［写真］をタップして起動し
ます。サイドバーの［ライブラリ］をタッ
プし❶、［年別］をタップすると❷、写真が
年別に表示されます。いずれかの年をタッ
プすると、月別の画面になります❸。

❶ タップします　　　❷ タップします

❸ タップすると月別になります

2 月別に見る

［月別］をタップすると❹、写真が月別に表
示されます。いずれかをタップすると、日
別の写真が表示されます❺。

Point 検索する

サイドバーの［検索］をタップすると、撮影
地や、「花」「鳥」といったカテゴリごとに写
真を見ることができます。また「2022年」
「1月」「観覧車」などと入力して検索するこ
ともできます。比較的新しいモデルのiPad
では、対象物だけでなく、写っている文字
が認識されて検索されることもあります。

❹ タップします

❺ タップすると日別になります

3 日別に見る

［日別］をタップすると❻、写真が日別に表示されます。いずれかをタップすると、その写真が大きく表示されます❼。

Point **サイドバーの表示／非表示を切り替える**

サイドバーは、左上の ▣ をタップすると表示したり隠したりすることができます。

❻ タップします

❼ タップするとこの写真が大きく表示されます

4 すべての写真を見る

［すべての写真］をタップすると❽、すべての写真が時系列で表示されます。いずれかをタップすると、その写真が大きく表示されます❾。ピンチ操作で写真の表示を拡大／縮小できます❿。

Point **バーストの写真**

バーストの写真は、［すべての写真］の画面で写真が何枚も重なっているように表示されます。タップし、次の画面で上部の［選択］をタップすると、すべての写真を見たり、写りの良いものを選んだりできます。

❽ タップします

❾ タップするとこの写真が大きく表示されます

❿ ピンチして表示サイズを変更します

5 写真が大きく表示されている時

写真が大きく表示されている時、左右にスワイプすると前後の写真が表示されます⓫。ピンチ操作で拡大／縮小できます⓬。 🗑 をタップすると、この写真を削除できます⓭。左上の ‹ をタップするか、画面のサイズよりもさらに縮小するような感じでピンチ操作をすると、直前の画面になります。

⓫ スワイプすると前後の写真へ移動します

⓬ ピンチ操作で拡大／縮小できます

⓭ タップして写真を削除します

6 写真から情報を調べる

181ページ手順5のように写真を大きく表示した時、右上に ⏱ が表示されることがあります。これをタップし⑭、[調べる]をタップすると⑮、たとえば写っているのは何の花かというように、対象物や撮影場所などについて調べることができます。

Point iCloudにも保存される

iCloudにログインしていると、撮影した写真は初期設定でiCloudにも保存されます。不要な場合やiCloudの容量が足りない場合はオフにできます。206ページ手順2の画面で[写真]をタップしてオフにします。

⑭ タップします

⑮ タップして調べます

7 撮影した場所ごとに見る

[撮影地]をタップすると地図が表示されます⑯。ピンチ操作で適切な縮尺に拡大／縮小します⑰。サムネールをタップするとその場所で撮った写真が表示されます⑱。

Point 種類ごとに見る

サイドバーの[メディアタイプ]に[ビデオ]や[Live Photos]などの項目があり、タップするとその種類の写真やビデオだけが表示されます。

⑯ タップします

⑰ ピンチして適切な縮尺にします

⑱ タップするとこの場所で撮った写真が表示されます

▶ アルバムを作って整理する

1 写真の選択を始める

[ライブラリ]の[日別]または[すべての写真]の画面で[選択]をタップします❶。

Point メモリー

写真がある程度たまってからサイドバーの[For You]をタップすると、[メモリー]が表示されます。メモリーとは、関連する日付、場所、写っている人に基づいて自動で写真やビデオが集められ、短いムービーも作られるものです。

❶ タップします

2 アルバムに入れる写真を選択する

写真を次々にタップするか、複数の写真をなぞるように指先を動かして選択します❷。❏をタップし❸、[アルバムに追加]をタップします❹。

❷ 選択します

❸ タップします

❹ タップします

3 新規アルバムを作成する

[新規アルバム]をタップします❺。アルバムの名前を入力して❻、[保存]をタップします❼。これでアルバムが作られます。

❺ タップします

❻ アルバムの名前を入力します

❼ タップします

4 アルバムを見る

アルバムの名前をタップすると❽、アルバムに含まれる写真を見ることができます❾。[＋]をタップするか❿、[ライブラリ]から写真を❽で示したアルバム名にドラッグ＆ドロップして、このアルバムに写真を追加できます。

Point 削除した写真を取り戻せる

サイドバーに［最近削除した項目］があります。削除した写真は30日間ここに保存され、元に戻すことができます。［最近削除した項目］をタップすると、Touch IDかFace ID、またはパスコードを求められます。

❽ タップします

❾ 写真が表示されます

❿ ここをタップして写真を追加できます

Chapter 6 ［テキスト認識表示］

画像の中の文字をテキストデータにするには

比較的新しいモデルのiPadでは、「カメラ」アプリや「写真」アプリで画像に写っている文字をテキストデータとして認識することができます。

基本 ├───┼───┼───●─┤ 応用
趣味 ├───┼───┼───●─┤ 実用

1 テキスト認識表示をオンにする

「設定」の［一般］をタップし、右側の［言語と地域］をタップします❶。［テキスト認識表示］のスイッチをタップしてオンにします❷。この後、確認のメッセージが表示された場合は［オンにする］をタップします。

Point テキスト認識表示ができるモデル

テキスト認識表示ができるモデルは、iPad Pro 12.9インチ（第3世代以降）、iPad Pro 11インチ（全世代）、iPad Air（第3世代以降）、iPad（第8世代以降）、iPad mini（第5世代以降）です。

❶ タップし、右側の［言語と地域］をタップします

❷ タップしてオンにします

2 検出されたテキストを表示する設定にする

「設定」の［カメラ］をタップします❸。［検出されたテキストを表示］のスイッチをタップしてオンにします❹。

❸ タップします

❹ タップしてオンにします

3 「カメラ」アプリで認識する

「カメラ」アプリでテキストが認識されると、四隅にカギカッコのような目印が表示されます❺。◙をタップします❻。

❺ テキストの四隅に目印が付きます　　❻ タップします

4 コピーなどをする

テキストとして使いたい部分をドラッグして選択し❼、メニューから使いたい機能をタップします❽。たとえば [コピー] をタップしてからほかのアプリにペーストしたり、[共有] をタップしてメールで送信したりできます。

 電話番号が認識された場合

このようにして電話番号が認識された場合、タップまたは選択して、FaceTimeの発信やメッセージの送信ができます。

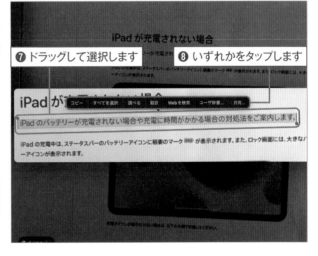

❼ ドラッグして選択します　　❽ いずれかをタップします

5 「写真」アプリで認識する

「写真」アプリでテキストを長く押すと選択されます。ピンをドラッグして範囲を選択してから❾、メニューのいずれかをタップします❿。◙ が表示されている場合は、タップするとテキストとして認識されている箇所を確認できます⓫。「写真」アプリでビデオを再生し、文字が写っている場面で一時停止すると、同様にテキスト認識を利用できます。

❾ 長く押してからピンをドラッグして範囲を選択します

❿ いずれかをタップします

⓫ タップして認識されている箇所を確認できます

Chapter 6 ［写真の編集］

写真を編集するには

「写真」アプリには、写真を見たり整理したりするだけでなく、編集機能もあります。明るさの調整やフィルタ、傾きの補正などをして、より良い写真に仕上げましょう。ビデオも「写真」アプリで編集できます。

基本 |—|—|—●—|—| 応用

趣味 |—●—|—|—|—| 実用

▶ 写真の補正やフィルタの設定をする

1 写真を選んで編集を始める

「写真」アプリを起動し、編集したい写真を表示します❶。［編集］をタップします❷。

Point ビデオを編集する

本書では写真を編集する操作を解説しますが、ビデオも「写真」アプリで編集できます。右図と同様にビデオを大きく表示して右上の［編集］をタップし、フィルタや傾き補正、トリミング、色合いの調整などができます。

❶ 編集する写真を表示します　　　❷ タップします

2 自動補正をする

編集モードになりました。◉ をタップします❸。◉ をタップすると自動補正のオンとオフが交互に切り替わります❹。自動補正とは、写真全体の明るさや色合いが自動で調整される機能です。

❸ タップします　　　❹ タップすると自動補正されます

3 フィルタを適用する

をタップします❺。フィルタを上下に
スワイプして適用します❻。写真に適用
されているフィルタを解除するには、いち
ばん上へスワイプして［オリジナル］を選
択します。

❺ タップします

❻ スワイプして
フィルタを適用します

4 編集を終了する

編集を確定するには、 をタップします
❼。編集を取り消して元の状態のままにす
るには、 をタップし❽、［変更内容を破
棄］をタップします❾。いずれかの操作を
すると、写真が大きく表示された画面に
戻ります。

❼ タップして確定します

❽ 編集を取り消す際
にタップして

❾ タップします

5 編集した写真を元に戻す

手順4で をタップして確定した後で
も、元の写真に戻すことができます。写真
を編集モードにすると［元に戻す］が表示
されるので、これをタップし❿、［オリジナ
ルに戻す］をタップします⓫。手順4と5
は、この後に説明する編集でも同様です。

❿ タップします

⓫ タップします

▶ 構図を調整する

1 傾きの補正や回転をする

傾きの補正やトリミングをすることができます。🖼をタップします❶。目盛りの部分を上下にドラッグして傾きを補正します❷。写真によっては上部に［自動］と表示され、タップして自動で傾きを補正することもできます。🖼をタップすると、写真が90度ずつ回転します❸。

❶ タップします

❷ ドラッグして補正します

❸ タップして回転します

2 トリミングする

縦横比を決めてトリミングしたい場合は、🖽をタップし❹、比率をタップして選択します❺。その後、枠の四隅や周囲の辺をドラッグして残す大きさを決め❻、写真をドラッグして範囲を調整します❼。

❹ タップします

❺ タップします

❻ ドラッグして大きさを決めます

❼ 写真をドラッグして範囲を調整します

3 垂直、水平方向の歪みを補正する

たとえば長方形のものを撮る時にカメラが斜めになっていて台形に写ってしまったといった場合に、補正できます。垂直方向の🔺か❽、水平方向の◀の❾、どちらかをタップし、目盛りを上下にドラッグして補正します❿。

❽ 垂直方向か

❾ 水平方向のどちらかをタップします

❿ ドラッグして補正します

▶ 明るさや色合いを調整する

1 明るさを調整する

☀ をタップします**❶**。ここでは例として
☀ （明るさ）をタップします**❷**。目盛りを
上下にドラッグすると、明るさが調整され
ます**❸**。

❶ タップします

❷ タップします

❸ ドラッグします

2 全体の色合いを調整する

同様に、◧（彩度）をタップし**❹**、目盛りを
上下にドラッグすると全体の色合いが変
化します**❺**。ほかの項目も、操作は同様で
す。このようにして変更した項目は、ツー
ルの周囲の弧の色が変わります**❻**。

❹ タップします

❺ ドラッグします

❻ 編集された項目です

Point 写真から対象物を抜き出す

この機能は、編集モードではなく、通常の表示
で操作して使います。

写っている対象物を長く押すと、対象物が光る
ようなアニメーションが表示されます**❶**。指を
離すとメニューが表示され、コピーや共有をし
てほかのアプリで対象物だけを使うことがで
きます**❷**。Split ViewやSlide Over（Chapter
2参照）の状態なら、対象物だけをドラッグ＆
ドロップしてほかのアプリにコピーすること
もできます。

❶ 長く押します

❷ いずれかをタップします

コピー　共有...

▶ Live Photosを編集する

1 動きの効果を変える

Live Photosを大きく表示します❶
[LIVE] をタップし❷、効果のいずれかを
タップすると動きが変わります❸。編集す
るには、[編集] をタップします❹。

❶ Live Photosを表示します

❷ タップします

❸ いずれかをタップします

❹ タップします

2 編集する

◎をタップします❺。 ⊙ LIVE をタップする
と、通常の写真になります❻。◀》をタップ
すると、音が消えます❼。タイムラインの
端のいずれかをドラッグすると、先頭また
は最後の不要な部分を切り取れます❽。

❺ タップします

❻ タップして通常の
写真にします

❼ タップして音を消します

❽ ドラッグして不要な
部分を切り取ります

3 キー写真を変更する

キー写真とは、Live Photosが動いてい
ない時に表示される写真のことです。タイ
ムラインの中の枠を左右にドラッグして
選択し❾、[キー写真に設定] をタップし
ます❿。

キー写真に設定

❾ ドラッグします

❿ タップします

Chapter 7

標準アプリで情報を整理

持ち歩いて使えるiPadを、自宅や職場でさまざまな情報の管理に活用しましょう。
「カレンダー」「リマインダー」「連絡先」のアプリがはじめから用意されています。こ
れらの情報は、インターネットのサービスを使って、ほかのデバイスと同期できます。
どのデバイスでも、どこにいても、同じ情報が使えるのはとても便利です。

標準アプリで情報を整理

Chapter 7［カレンダーの基本］

カレンダーの 基本的な機能を使うには

iPadに付属の「カレンダー」アプリで、予定を入力して閲覧したり、指定した時刻に通知を表示したりすることができます。このアプリでは、予定のことを「イベント」と呼びます。

▶ 月表示のカレンダーを使う

1 月表示のカレンダーを 表示する

ホーム画面で［カレンダー］をタップして起動します❶。［月］をタップして選択します❷。上下にスワイプすると前月や翌月へ移動します❸。移動した後で今月に戻るには、［今日］をタップします❹。イベントを入力するには 田 をタップするか、入力する日付を長く押します❺。

❷ タップして1か月のカレンダーを表示します

❸ 上下にスワイプして 前月や翌月へ移動します

❹ タップして今日の 日付に戻ります

❶「カレンダー」を 起動します

❺ ここをタップするか 日付を長く押します

2 タイトルなどを入力する

タイトルや場所をタップしてから入力します❻。休日や記念日など時刻を指定しないイベントは［終日］をオンにします。時刻を指定する場合はオフにしてから❼、［開始］をタップします❽。

❻ タップしてから入力します

❼ タップして オン／オフを 切り替えます

❽ タップします

3 日付を設定する

カレンダーをタップして日付を設定します❾。

❾ タップします

4 時刻を設定する

時刻をタップし❿、時と分をそれぞれ上下にスワイプして設定します⓫。この後、[終了]をタップし、終了日時を同様に設定します⓬。

❿ タップします

⓫ スワイプします

⓬ タップして設定します

 Point 数字入力で時刻を設定する

右図の⓫で示した部分をタップすると電卓のようなテンキーが表示され、時刻を3桁または4桁の数字で入力できます。

5 繰り返しや通知の設定をする

[繰り返し]をタップすると、毎日、毎週などを選択できます。定例会議や習い事に便利です⓭。[通知]をタップすると、イベントの予定時刻やその5分前、30分前、1時間前などにiPadの画面に通知を出す設定ができます⓮。これらの設定が終わったら[追加]をタップします⓯。これでイベントが保存されます。

⓭ タップして繰り返しを選択します

⓮ タップして通知を設定します

⓯ タップします

6 イベントの詳細を見る

イベントをタップすると⑯、詳細が表示されます⑰。内容を編集するには［編集］をタップします⑱。

⑯ タップすると

⑰ 詳細が表示されます　⑱ 編集するにはここをタップします

Point イベントを削除する

イベントを削除するには、詳細のいちばん下にある［イベントを削除］をタップします。

7 イベントを編集する

新規イベントを作成した時と同様の画面になるので、必要に応じて編集します⑲。編集が終わったら［完了］をタップします⑳。

2023年2月

⑲ 編集できます

⑳ 編集後、タップします

▶ その他の表示のカレンダーを使う

1 日表示

［日］をタップすると、1日のカレンダー表示になります❶。日付の部分を左右にスワイプして移動し、タップして選択します❷。イベントをタップすると❸、詳細が表示されます❹。イベントをドラッグして時間を移動することもできます❺。移動後に詳細の右上に表示される［完了］をタップします。

Point イベントを追加する

新規イベントは、作成したい時刻のあたりを長く押して追加できます。

❶ 日表示に切り替えます

❷ 左右にスワイプし、タップして日付を選択します

2023年2月

❸ タップすると

❹ 詳細が表示されます

❺ ドラッグして移動できます

2 週表示

[週]をタップすると、1週間のカレンダーになります❻。日表示と同様に、作成したい時刻のあたりを長く押して新規イベントを追加できます❼。

❻ 週表示に切り替えます

❼ 長く押してこの時間にイベントを追加できます

3 年表示

[年]をタップすると、1年間のカレンダーになります❽。タップするとその月の表示に切り替わります❾。

❽ 年表示に切り替えます

❾ タップするとその月の表示になります

4 イベントのリストと検索

≣をタップすると、イベントのリストが表示されます❿。検索フィールドをタップしてから語句を入力してイベントを検索することもできます⓫。

❿ タップするとリストが表示されます

⓫ タップしてから語句を入力して検索します

Chapter 7 ［カレンダーの活用］

カレンダーを もっと活用するには

仕事用、プライベート用など複数のカレンダーを作成すると便利です。
メールなどのリンクからイベントを作成する方法も紹介します。

基本 ──●── 応用
趣味 ─●── 実用

▶ 複数のカレンダーを使い分ける

1 カレンダーの設定を始める

仕事、家族、プライベートなどの予定を別のカレンダーに分けておくと便利です。🗓 をタップすると❶、はじめから4つのカレンダーが用意されています❷。カレンダーを追加するには、［カレンダーを追加］をタップし❸、［カレンダーを追加］をタップします❹。

Point ［誕生日］と［Siriからの提案］

この図にある ［誕生日］ カレンダーはiPadの「連絡先」アプリと連動しています。「連絡先」アプリに知り合いの誕生日を保存すると表示されます。［Siriからの提案］ は、ホテルの予約のメールなどを検出し、場所や日時を自動で表示するカレンダーです。

❶ タップします

❷ 4つ用意されています

❸ タップします

❹ タップします

2 新規カレンダーを作る

カレンダーの名前を入力します❺。色が書かれているところをタップし❻、次の画面でこのカレンダーを識別するための色をタップして選択します。［完了］をタップします❼。

❺ 入力します

❻ タップし、次の画面で色をタップします

❼ タップします

3 表示／非表示を設定する

それぞれのカレンダーの表示／非表示を
タップして設定します。カレンダー名の先
頭にチェックが付いているカレンダーが
表示されます❽。すべてのカレンダーの
イベントを表示したり、特定のカレンダー
のイベントだけを表示したりと、見やすい
ように使えます。▦をタップすると、カレ
ンダーの一覧が閉じます❾。

❽ 表示／非表示をタップ
して設定します

❾ タップしてカレンダーの
一覧を閉じます

4 カレンダーを使い分ける

イベントの作成や編集をする画面には、カ
レンダーを選択する項目が増えます。タッ
プし❿、どのカレンダーに保存するかを
タップして設定します⓫。イベントはカレ
ンダーごとに色分けして表示されます。

❿ タップします

⓫ いずれかを
タップします

► メールやメッセージからイベントを作成する

1 リンクをタップする

メールやメッセージに書かれた日時が自
動でリンクになっているので、これをタッ
プします❶。メニューが開いたら［イベン
トを作成］をタップします❷。すると「カレ
ンダー」アプリで新規イベントを追加する
のと同様の画面が開くので、内容を入力、
確認して［追加］をタップします。

Point ["カレンダー"に表示] とは？

["カレンダー"に表示]をタップすると、「カ
レンダー」アプリに切り替わってその日の
カレンダーが表示されます。イベントは作
成されませんが、曜日やその日の予定を確
認するのに便利です。

❶ リンクになっている
日時をタップします

❷ タップします

Chapter 7 ［リマインダーの基本］

リマインダーで To Doを管理するには

iPadには、するべきことを忘れないように管理するための「リマインダー」アプリがあります。「To Doリスト」という呼び方でなじみのある人も多いかもしれません。

1 項目を入力する

ホーム画面で［リマインダー］をタップして起動します❶。1行目をタップして、リマインダーの項目を入力します❷。入力が終わったら［完了］をタップします❸。または、通知を設定するなら ⓘ をタップします❹。

❷ タップしてから入力します

❸ タップするか

❹ タップします

❶ 「リマインダー」を起動します

2 通知を設定する

手順1で ⓘ をタップすると、詳細が表示されます。指定した日時にiPadの画面に通知を表示するには、［日付］のスイッチをタップしてオンにし❺、カレンダーの日付をタップして選択します❻。この後、［時刻］のスイッチをタップしてオンにし❼、時刻を設定します。

❺ タップします

❻ タップします

❼ タップしてオンにしてから時刻を設定します

3 通知を繰り返す設定をする

通知を定期的に繰り返すこともできます。手順2の後で[繰り返し]をタップします❽。毎日、毎週など、間隔をタップして設定します❾。設定が終わったら[完了]をタップします❿。

Point 繰り返しの終了

繰り返しを設定すると、図の❽の囲みの下に[繰り返しの終了]の項目が現れます。ここをタップして、繰り返しの終了日を設定できます。

❽ タップします

❾ タップして設定します

❿ 設定後にタップします

4 実行した項目をチェックする

実行した項目は先頭の○をタップして色の付いた状態にします⓫。実行済みの項目を表示するかどうかは、⊡をタップし⓬、[実行済みを非表示（または表示）]をタップして設定します⓭。

Point 項目を削除することもできる

今後はもう管理する必要のない項目なら、削除しても構いません。項目を右から左へスワイプすると、右端に[削除]が表示されるのでタップします。

⓫ タップして色を付けます

⓬ タップします

⓭ タップして設定します

5 項目を並べ替える

項目を並べ替えるには、項目を長く押し⓮、浮き上がったように表示されたら上下にドラッグします⓯。

⓮ 長く押します

⓯ 上下にドラッグして並べ替えます

Chapter 7 ［リマインダーの活用］

リマインダーを もっと活用するには

前ページでは「リマインダー」の基本的な使い方を解説しましたが、「リマインダー」でできることはほかにもあります。タグやリストを使った整理を紹介します。

基本 ———————●——— 応用

趣味 ————●———— 実用

▶ タグを利用する

1 タグを付ける

タグを付けたい項目をタップし❶、［＃］をタップします❷。［タグを追加］をタップし、次の画面でタグにする語句を入力して新規タグを追加します❸。または、既存のタグをタップして適用します❹。

Point アップグレードが 必要な場合がある

タグを使うには、iCloudで同期します（206ページ参照）。また、リマインダーのアップグレードを求められることがあります。［アップグレード］ボタンが表示されたら画面の指示に従います。ただし、アップグレードすると古いOSが動作しているデバイスと同期できなくなることがあります。詳しくはAppleサポートのWebページを参照してください。

❶ タップします

❷ タップします

❸ タップするか

❹ 既存のタグをタップして適用します

2 タグで項目を集める

タグをタップすると❺、そのタグが付いた項目が表示されます❻。図の❺で示したタグを長く押すと、タグの名前を変更したり、タグを削除したりすることができます。

Point 複数のタグを付けられる

1つのリマインダーに複数のタグを付けることもできます。

❺ タップします

❻ このタグのリマインダーが表示されます

▶ リストに分けて整理する

1 リストを作る

仕事用、プライベート用というように、リストを分けてリマインダーの項目を整理できます。[リストを追加] をタップします❶。

❶ タップします

2 リストの名前と色を設定する

リストの名前を入力します❷。リストを識別するための色をタップして選択します❸。[完了] をタップします❹。

❷ 名前を入力します

❸ タップします

❹ タップします

3 リストを使い分ける

リストをタップすると❺、そのリストの項目が表示されます❻。新規リマインダーを作成すると、選択されているリストに入ります❼。項目を長く押してから別のリストにドラッグ&ドロップして移動することができます❽。

> **Point** 異なるリストの項目も
> タグで集められる
>
> リストに分けて整理していても、同じタグが付いていれば前ページ手順2の操作で集めて表示できます。

❺ タップすると

❻ このリストの項目が表示されます

❼ タップするとこのリストに作成されます

❽ ドラッグ&ドロップして移動できます

Chapter 7 ［連絡先］

連絡先を作成するには

「連絡先」は、iPadの住所録データベースの役割を果たしているアプリです。「FaceTime」「メッセージ」「メール」「マップ」などiPadのさまざまなアプリと連携しています。

基本 ●━━┿━━┿━━ 応用

趣味 ┿━━┿━●━┿━ 実用

▶ 連絡先を新たに作成する

1 新規連絡先を作成する

ホーム画面で［連絡先］をタップして起動します❶。新規連絡先を作成するために、⊞をタップします❷。

❷ タップします

❶「連絡先」を起動します

連絡先

検索

連絡先なし
追加した連絡先はここに表示されます。

新規連絡先を作成

2 連絡先を入力する

フィールドをタップしてから、必要な情報を入力します❸。入力が終わったら［完了］をタップします❹。

Point 複数の電話番号やメールアドレスを入力できる

電話番号を1つ入力した後、さらにフィールドを追加できます。［携帯電話］［自宅］などと書かれたラベルの部分をタップすると、別のラベルに変更できます。メールアドレスも同様です。

❸ フィールドをタップしてから入力します

❹ 入力が終わったらタップします

► FaceTimeの履歴から連絡先を作成する

1 FaceTimeの履歴を表示して作成を始める

FaceTimeの着信、発信の履歴から連絡先を作成できます。「FaceTime」アプリで「連絡先」に登録したい相手の右端にあるをタップします❶。FaceTimeの使い方は240ページを参照してください。

Point うっかり発信しないように注意！

この時、相手のApple IDや電話番号が書かれている部分をタップするとすぐに発信されてしまいます。注意しましょう。

❶ タップします

2 新規連絡先を作成する

[新規連絡先を作成]をタップします❷。

Point 既存の連絡先に情報を追加することもできる

すでに連絡先が作成されていて、電話番号やメールアドレスを追加したいという場合は[既存の連絡先に追加]をタップします。

❷ タップします

3 情報を入力して登録する

「連絡先」アプリで新たに入力する時と同様に、氏名など必要な情報を入力します❸。入力が終わったら[完了]をタップします❹。

Point 氏名などが検出されていることがある

メールをやり取りしている相手などの場合、その履歴から氏名が自動で検出されることがあります。

❸ 入力します

❹ 入力が終わったらタップします

▶ メールから連絡先を作成する

1 差出人の詳細を表示する

受信したメールの差出人を「連絡先」アプリに登録することができます。「メール」アプリでメッセージの上部にある差出人の名前をタップします**①**。

2 メールの差出人から作成する

もう一度差出人をタップし**②**、[新規連絡先を作成]をタップします**③**。

Point **メール本文に書かれている アドレスから作成する**

メールの本文にメールアドレスが書かれていると、自動でリンクになります。このリンクを長く押して、連絡先に追加することもできます。

3 新規連絡先を作成する

氏名などを入力し**④**、終わったら[完了]をタップします**⑤**。

▶「連絡先」アプリを利用する

1 連絡先を見つける

連絡先を利用、編集、削除するには、「連絡先」アプリで連絡先のリストを上下にスワイプしたり❶、インデックスから姓の読みの文字をタップしたり❷、検索フィールドに名前などの条件を入力したりして見つけます❸。目的の連絡先が見つかったらタップします❹。

❶ 上下にスワイプしてリストを見ます

❷ 姓の読みの文字をタップするとそこへ移動します

❸ 条件を入力して検索します

❹ 目的の連絡先をタップします

2 連絡先の情報を利用する

💬をタップするとメッセージを送信できます❺。📹をタップするとFaceTimeビデオ、📞をタップするとFaceTimeオーディオを発信できます❻。メールアドレスをタップするとメールメッセージの作成❼、住所をタップして地図を表示できます❽。連絡先の編集や削除をするには、[編集]をタップします❾。

❺ メッセージを送信します

❻ FaceTimeを発信します

❼ メールを作成します

❽「マップ」で場所を確認します

❾ 編集や削除をします

3 連絡先の編集や削除をする

新規連絡先を作成する時と同じ要領で編集し、終わったら[完了]をタップします❿。この連絡先を削除するには、いちばん下へスクロールして[連絡先を削除]をタップします⓫。確認の吹き出しが表示されたら[連絡先を削除]をタップして削除します⓬。

❿ 情報を編集したらタップします

⓫ 削除する時にタップします

⓬ タップして削除します

 Point 誕生日はカレンダーに表示できる

連絡先に誕生日を登録しておくと、「カレンダー」アプリに表示できます。

標準アプリで情報を整理

iCloudで同期するには

Pro Air iPad mini

AppleのサービスのiCloudを利用して、ほかのデバイスやパソコンと連絡先などの情報を同期できます。

基本 ├──┼──┼──●──┤ 応用

趣味 ├──┼──┼──●──┤ 実用

1 iCloudの設定を開く

ホーム画面で［設定］をタップして起動します❶。自分の名前の部分をタップし❷、[iCloud] をタップします❸。次の画面で［すべてを表示］をタップします❹。

❶「設定」を起動します

❷ タップします

❸ タップします

❹ 次の画面で［すべてを表示］をタップします

2 同期する情報を選択する

ここでは例として［連絡先］のスイッチをタップします❺。確認のメッセージが表示された場合は［結合］をタップします❻。同様に操作して、同期する項目のスイッチをオンにします。

Point iCloud+

バックアップ（136ページ参照）や同期などで、無料の5GBの容量では足りなくなったら、有料でiCloud＋にアップグレードできます。その方法は137ページを参照してください。iCloud＋には容量だけでなく、プライバシーを守るためにランダムなメールアドレスを使う機能なども含まれます。

❺ タップします

❻ タップします

3 iPhoneでも設定する

ほかのデバイスでも同じApple IDで
iCloudにサインインし、同じように設定
します。これで、「連絡先」や「カレンダー」
などのアプリの情報が同期されます❼。こ
の図はiPhoneの設定です。ひとつのデバ
イスで情報を変更すれば、ほかのデバイ
スにもほぼリアルタイムで反映します。

❼ iPhoneでも
設定します

4 同期する期間を設定する

「設定」の[カレンダー]をタップします❽。
[同期]をタップすると、次の画面で同期
する期間を選択できます❾。

❽ タップします

❾ タップして次の
画面で設定します

📱 Point パソコンと同期する

連絡先やカレンダーなどの情報は、パソコンと
も同期できます。Macでは「システム設定」
または「システム環境設定」で設定します。
Windowsパソコンでは、Microsoft Storeか
ら「Windows用iCloud」をダウンロードして
インストールし、これを開いて設定します。
この方法のほかに、MacでもWindowsパソコ
ンでも、ブラウザでhttps://www.icloud.com
にアクセスしてサインインし、情報を利用す
ることもできます。図はWindowsパソコンの
「Microsoft Edge」でサインインした画面です。

Chapter 7［Googleアカウントの同期］

他社のアカウントと同期するには

Appleの iCloud だけでなく、他社のサービスと情報を同期し、「カレンダー」や「連絡先」などiPadの標準アプリで利用することもできます。本書では Google アカウントの同期を例にとって解説します。

基本 ●──── 応用

趣味 ●──── 実用

1 アカウントの設定を始める

「設定」を起動し、［メール］、［連絡先］、［カレンダー］、［メモ］のいずれかをタップします❶。本書では［連絡先］をタップします。［アカウント］をタップします❷。

❶「設定」を起動したらタップします

❷ タップします

2 アカウントを選ぶ

Google アカウントをすでにメールで利用していれば、同じアカウントを連絡先の同期にも利用できます。［Gmail］をタップします❸。Google アカウントをまだ設定していなければ［アカウントを追加］をタップして追加します❹。追加の手順は155〜156ページを参照してください。

❸ タップします

❹ まだアカウントを設定していなければ、タップして設定します

Point Microsoft アカウントの同期

「@outlook.com」や「@live.jp」などのMicrosoftアカウントでも同期できます。155ページのいちばん下の画面で［Outlook.com］をタップし、Google アカウントと同様に設定します。

③ 同期する項目を選ぶ

同期したい項目のスイッチをタップして
オンにします❺。

❺ 同期する項目をタップ
してオンにします

④ iPad上の情報を
残すかどうか設定する

[連絡先]のスイッチをタップしてオンに
すると、確認のメッセージが表示されま
す。iPadにすでに作成されている連絡先
を失わないように、[iPadに残す]をタッ
プします❻。カレンダーやメモの場合も同
様です。オン／オフを切り替える際に大
切なデータを失わないように気をつけて
設定してください。

❻ iPad上のデータを残す
場合はここをタップします

⑤ 連絡先を利用する

「連絡先」アプリには、Gmailに保存され
ている連絡先が読み込まれています❼。
▢をタップします❽。

❼ Gmailの連絡先が
読み込まれています

❽ タップします

6 使うリストを選ぶ

Gmailの連絡先が1つのリストとして扱われています。使いたいリストをタップします❾。

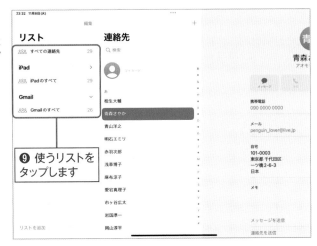

❾ 使うリストをタップします

7 「カレンダー」アプリでGoogleカレンダーを使う

「カレンダー」アプリでカレンダーの一覧を表示すると（196ページ参照）、Googleカレンダーを利用できる状態になっています。利用するカレンダーにチェックを付けます❿。

❿ 利用するカレンダーにチェックを付けます

8 「メモ」アプリをGoogleアカウントと同期する

iPadの「メモ」アプリのメモは、「Notes」ラベルの付いたGmailとして同期します。「メモ」アプリで □ をタップすると⓫、GmailとiPad上のメモのどちらを使うかをタップして選択できます⓬。

⓫ ここにある □ をタップします

⓬ どちらかをタップしてメモの表示や作成をします

Chapter 8

iPadで生活を豊かにする

映画やテレビ番組、電子書籍、新聞、雑誌などを、表示が美しくスマートフォンより大きいiPadの画面を活かして楽しみましょう。音楽やラジオ、天気、地図、ビデオ通話、SNSについても紹介します。

Chapter 8 ［映画の購入／レンタル］

映画を見るには

Appleのサービスを利用するための「Apple TV」や「iTunes Store」アプリで、映画を購入したりレンタルしたりすることができます。24時間、いつでも好きな時に映画を楽しみましょう。

基本 ━━━━●━━━━ 応用
趣味 ●━━━━━━━━ 実用

1 映画を探す

「Apple TV」アプリを起動し、［ストア］をタップします❶。Webページと同じように、興味のあるものをタップして見たい作品を探します❷。［検索］をタップし、作品名などから検索することもできます❸。「iTunes Store」アプリで映画を探すこともできます。

Point 支払いはApp Storeと共通

Apple IDに対してクレジットカードやギフトカードを登録すると、映画の料金もこれらから支払われます。49～51ページを参照してください。

❶ タップします

❷ タップして探します

❸ タップして検索できます

2 購入またはレンタルをする

購入かレンタルのいずれかをタップします❹。この後、認証を求められたらApple IDとパスワードまたは顔か指紋で認証します。

Point 購入とレンタルの違い

購入すると今後いつまでも、何度でも見ることができます。レンタルは、30日以内に視聴を開始し、開始してから48時間以内は何度でも再生できます。期間が終了すると自分のライブラリから削除されます。

❹ いずれかをタップします

③ 購入・レンタル済みの作品を見つける

「Apple TV」アプリの［ライブラリ］の下にある［最近購入した作品］などをタップします⑤。見たい作品をタップします⑥。

❺ いずれかをタップします　❻ タップします

④ 映画を楽しむ

↓をタップするとダウンロードが始まります⑦。または、▶をタップするとデータを受信しながら再生されるので、ダウンロード完了まで待たずにすぐ楽しめます⑧。

❼ タップしてダウンロードします

❽ または、タップしてすぐに再生します

⑤ 再生中に操作する

小さい表示にします

前の画面に戻ります

ドラッグして音量を調整します

再生／一時停止します

10秒戻します

10秒送ります

再生速度、言語、字幕を切り替えます

ドラッグして早戻し／早送りします

チャプターや特典映像が含まれる作品があります

外部ディスプレイやスピーカー、ヘッドフォンを選択します

※表示されるボタンやメニューは作品により一部異なります。

Chapter 8 ［動画配信サービス］

動画配信サービスを楽しむには

Appleは定額制配信サービスの「Apple TV+」を提供しています。また、Apple以外にも動画を配信しているサービスはいろいろあります。

基本 ├─────●─ 応用

趣味 ●─────┤ 実用

▶ Apple TV+を利用する

1 利用を開始する

Apple TV+は、Appleが提供する定額見放題のサービスです。Appleが制作したオリジナル作品が配信されています。「Apple TV」アプリの ［Original］ をタップします❶。無料体験のボタンをタップし、サインインなど画面の指示に従って進めると所定の期間は無料で体験できます❷。

❶ タップします

❷ タップします

2 予告編などを見る

無料体験の手続きをする前でも、手順1の画面で作品をタップすると、次の画面で無料公開分や予告編などを見ることができます❸。

❸ タップして予告編などを見られます

 Point デバイスを購入すると無料で利用できる

Apple TV+の料金は月額900円（税込）ですが、iPadやiPhoneなどApple製のデバイスを新規購入すると所定の期間は無料で楽しめます。222ページのコラム「Apple One」も参照してください。

▶ Apple以外のサービスを利用する

1 人気動画サイト、YouTube

YouTubeは、おそらく最も知名度の高い動画配信サービスでしょう。アプリを起動し、興味のある動画をタップすると再生画面へ進みます❶。🔍 をタップし、キーワードで検索することもできます❷。

❶ タップして詳細を表示します　❷ タップして検索できます

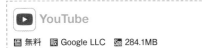

▶ YouTube

価 無料　販 Google LLC　容 284.1MB

2 海外ドラマやアニメ、その他の作品も充実のHulu

月額1,050円（税込）で見放題のサービスです❸。「Hulu」アプリを起動して会員登録をすると2週間の無料トライアルが始まり、それ以降はApple IDに課金されます。会員登録しないでアプリを使い、無料コンテンツを視聴することもできます。

❸ 海外ドラマなど幅広いコンテンツがあります

hulu Hulu / フールー

価 無料　販 HJ Holdings, Inc.　容 32.3MB

3 Amazonプライム会員が追加料金なしで楽しめるサービス

通販サイトの大手、Amazonに、Amazonプライムという有料サービスがあります。月額500円、または年額4,900円（いずれも税込）で、通販で購入した商品のお急ぎ便などを無料で利用できるサービスです。このAmazonプライムの会員は、追加料金なしでコンテンツを楽しめます❹。

❹ Amazonプライム会員対象に多くの作品が配信されています

Point Amazonプライムのサービス

ここでは動画配信を紹介しましたが、Amazonプライムの会員は音楽の聴き放題、対象の電子書籍読み放題などのサービスも利用できます。

prime video Amazon Prime Video

価 無料　販 AMZN Mobile LLC　容 191MB

Chapter 8 ［テレビ番組］

テレビ番組を見るには

Pro | Air | iPad | mini

前ページで紹介した映画や海外ドラマなどだけでなく、テレビ番組を見られるアプリもあります。見逃した番組やニュースなどを自分の都合のいい時に見ることができて便利です。

基本 ●──────●────── 応用
趣味 ●──────────── 実用

---

1 見逃したテレビ番組を見られるTVer

TVerは、各局の一部の番組を無料で配信しているサービスです。放送を見逃した番組などを見ることができます。放送と同時にリアルタイム配信される番組もあります❶。

❶ 各局の番組を見られます

TVer（ティーバー）民放公式テレビ配信サービス

価 無料　販 TVer INC.
Size 60.4MB

---

2 テレビ局ごとの専用アプリ

テレビ局ごとの専用アプリもあり、見逃した番組などをアプリで見ることができます。これはフジテレビのアプリです❷。ほかの放送局のアプリもあります。配信期限が決まっている、一部の番組は有料など、テレビ局により視聴できる条件は異なります。

❷ フジテレビのアプリです

ドラマ / アニメは FOD テレビ見逃し配信や動画が見放題

価 無料　販 Fuji Television
Size 56.4MB

3 多くの種類のコンテンツを配信しているGYAO!

GYAO!では、テレビ番組、アニメ、映画など、多くの種類のコンテンツが無料で配信されています。上部にジャンル別のリンクがあり、タップして移動できます❸。

❸ 多くのジャンルからタップして選べます

 GYAO! / ギャオ

価 無料 販 Yahoo Japan Corporation
Size 47.5MB

4 生中継の配信も多いサービス

ABEMAでは、テレビ番組の配信のほか、オリジナル作品、ニュース、スポーツや将棋の中継など幅広いコンテンツを楽しめます❹。会員登録不要で利用できますが、月額960円（税込）のプレミアムプランに申し込むこともできます。

❹ 生放送もたくさんあります

 **ABEMA（アベマ）
新しい未来のテレビ**

価 無料 販 ABEMATV, INC.
Size 111.8MB

5 災害時などにはライブ配信もある

NHKニュースの動画を見られるほか、天気予報や特集コンテンツもあります。災害の情報や記者会見なども随時ライブ配信されます❺。
NHKの受信契約をしていれば「NHKプラス」という別のアプリで放送同時配信や見逃し番組配信も視聴できます。

❺ NHKのニュースアプリです

 NHK ニュース・防災

価 無料 販 NHK (Japan Broadcasting Corp.)
Size 37.1MB

Chapter 8 ［音楽の購入］

iTunes Storeで
音楽を購入するには

「iTunes Store」アプリで、音楽を購入できます。いつでも購入でき、検索や試聴などの便利な機能もあります。

基本 ━━━●━━━ 応用
趣味 ●━━━━━ 実用

1 アルバムをタップする

[iTunes Store] をタップして起動します❶。[ミュージック] をタップします❷。気になるアルバムがあれば、タップして詳細を表示します❸。

❶ 「iTunes Store」を
起動します

❷ タップします

❸ タップします

2 検索する

検索フィールドをタップしてから語句を入力して検索することもできます❹。気になるアルバムをタップして詳細を表示します❺。

❹ タップしてから入力し、検索します

❺ タップします

3 試聴や購入をする

手順1または手順2の後、アルバムの詳細が表示されます。曲をタップすると試聴できます❻。上部の金額のボタンをタップしてアルバムを購入したり❼、曲の金額のボタンをタップしてその曲だけ購入したりすることができます❽。ボタンをタップした後、画面の指示に従って認証し、購入します。

❻ タップして試聴します

❼ タップしてアルバムを購入します

❽ タップしてこの曲を購入します

4 曲をすぐに購入する

手順1の画面で金額のボタンがあるものは、アルバムではなく曲です。アイコンをタップすると試聴が始まります❾。金額のボタンをタップしてすぐに購入に進むこともできます❿。

❾ タップして試聴します

❿ タップして購入に進みます

5 ランキングを見て購入する

[ランキング] をタップし⓫、[ミュージック] をタップすると⓬、音楽のランキングが表示されます。曲のアイコンをタップして試聴したり⓭、金額のボタンをタップして購入に進んだりすることができます⓮。

⓫ タップします

⓬ タップします

⓭ タップして試聴します

⓮ タップして購入に進みます

Chapter 8 ［音楽の再生］

音楽を聴くには

Pro　Air　iPad　mini

「iTunes Store」で購入した音楽は、「ミュージック」アプリで再生します。早送り／早戻しやアーティストごとの再生など、自由に楽しみましょう。

基本 ――――――●――― 応用
趣味 ●―――――――― 実用

1 購入済みのアルバムを見る

［ミュージック］をタップして起動します❶。［アルバム］をタップすると❷、これまでに購入したアルバムが表示されます。聴きたいアルバムをタップします❸。

❶「ミュージック」を起動します

❷ タップします

❸ タップします

2 ダウンロードや再生をする

アルバム全曲をダウンロードするには↓をタップします❹。曲をダウンロードするには［…］をタップし❺、［ダウンロード］をタップします❻。ダウンロードしなくても、［再生］または曲をタップするとすぐにストリーミング再生できます❼。

❹ タップしてアルバムをダウンロードします

Point ストリーミングとは？

曲のデータを受信しながら再生することです。そのため、iPadがインターネットに接続していることが必要です。Wi-Fi＋Cellularモデルで携帯電話回線を使用している時や、iPhoneのテザリング（138ページ参照）を使っている時などには、通信量が多くなるので注意が必要です。

❺ タップします

❻ タップして曲をダウンロードします

❼ タップしてすぐに再生します

3 再生中の曲を操作する

右下に再生中の曲が表示されています。アイコンをタップして一時停止したり❽、曲の先頭か前の曲、または次の曲へ移動したりできます❾。詳しく表示するには、曲名の部分をタップします❿。

 Point コントロールセンターや ロック画面で操作する

曲の再生中は、コントロールセンター（126ページ参照）やロック画面から、一時停止、曲の先頭か前の曲へ移動、次の曲へ移動、音量の調整などができます。

❽ タップして一時停止します

❾ タップして移動します

❿ タップします

4 早送りや音量調整などをする

時間のスライダをドラッグして早送りや早戻しができます⓫。アイコンをタップして曲の先頭か前の曲へ移動、一時停止、次の曲へ移動できます⓬。スライダをドラッグして音量を調整します⓭。下へスワイプすると手順3の画面に戻ります⓮。

⓫ ドラッグして早送り／早戻しします

⓬ タップして移動や一時停止をします

⓮ スワイプすると手順3に戻ります

⓭ ドラッグして音量を調整します

5 アーティストごとに聴く

前ページ手順1で［アーティスト］をタップし⓯、アーティスト名をタップすると⓰、このアーティストのアルバムが表示されます。聴きたいアルバムをタップして内容を表示できるほか⓱、［再生］をタップしてこのアーティストのアルバムをすべて再生することもできます⓲。

⓯ タップします

⓰ タップします

⓱ タップしてアルバムを表示します

⓲ タップしてすべてのアルバムを再生します

Chapter 8 音楽の再生

Chapter 8 ［Apple Music］

音楽の聴き放題サービスを楽しむには

Apple Musicは、Appleが提供している定額制の音楽聴き放題サービスです。初めて利用する際に、所定の期間は無料で試用できます。

基本 ――――●―― 応用

趣味 ●―――――― 実用

► Apple Musicに登録する

1 登録を開始する

「ミュージック」アプリで［今すぐ聴く］をタップします❶。［今すぐ開始］をタップします❷。

Point Apple以外の定額制聴き放題サービス

「YouTube Music」、「Spotify」、「Amazon Music」などのアプリをダウンロードしてこれらのサービスを利用することもできます。いずれも有料サービスですが、一部の機能を無料で利用できる場合もあります。たとえば「Spotify」は、コマーシャル入り、機能制限付きで、無料で利用できます。

❶ タップします

❷ タップします

2 試用を開始する

［無料で開始］をタップします❸。この後、サインインや認証を求められた場合は、画面の指示に従います。所定の期間は無料です。別のプランを試用したい場合は［プランをさらに表示］をタップし、次に開く画面で選択します。

Point Apple One

Appleの有料サービスを1つずつ契約するよりも割安になる「Apple One」もあります。Apple Oneで、Apple Music、Apple TV＋、Apple Arcade（ゲーム）、iCloud＋（206ページ参照）を利用できます。

♪Music

1か月間無料で音楽をお楽しみいただけます

さらに、ミュージックライブラリのすべての音楽を、お使いのあらゆるデバイスで楽しめます。1か月間は無料で、その後は月額¥1,080です。
プランをさらに表示

無料で開始

既にサブスクリプションに登録済みですか？

❸ タップします

③ 聴き放題で楽しむ

[今すぐ聴く][見つける][ラジオ][検索]
のいずれかをタップし④、右側から聴き
たいものを選択して楽しめます⑤。

 Point Apple Music Sing

一部のモデルでは、iPadOS 16.2にアッ
プデートすると、Apple Musicで曲の
ボーカルの音量を小さくして歌詞を見な
がら自分で歌えるカラオケ機能の「Apple
Music Sing」を利用できます。

❹ いずれかをタップします

❺ 聴きたいものを選択します

▶ 登録をキャンセルする

① Apple IDを表示する

無料体験期間や有料で利用できる期間が
終了すると、自動更新され支払いが発生し
ます。登録をキャンセルするには、「ミュー
ジック」アプリで[今すぐ聴く]をタップ
し❶、🖼をタップします❷。[サブスクリ
プションの管理]をタップします❸。

❶ タップします　❷ タップします

❸ タップします

② キャンセルする

[サブスクリプションをキャンセルする]
をタップします❹。メッセージが表示され
たら[確認]をタップします❺。キャンセル
しても現在の有効期間いっぱいは利用で
き、その後は自動更新されなくなります。

❹ タップします　❺ タップします

Chapter 8 ［Apple Booksの購入］

Apple Booksで電子書籍を買うには

Appleが提供する電子書籍サービスが「Apple Books」です。「ブック」アプリで電子書籍を購入することも読むこともできます。

基本 ●————｜————— 応用

趣味 ———｜—●—｜— 実用

1 「ブック」を起動する

[ブック]をタップして起動します。[今すぐ読む]をタップすると❶、読みかけの本や最近読んだ本があれば表示されるので、すぐに読書を再開できます❷。下へスクロールすると、おすすめやベストセラーも表示されています。タップして詳しく見ることができます❸。

❶ タップします

❷ 読みかけの本などをタップしてすぐに開けます

❸ タップして詳細を見ます

2 電子書籍を探す

[ブックストア]をタップすると、販売されている電子書籍が表示されます❹。Webページと同じように興味のある項目をタップして見ていきます❺。下へスクロールすると、ランキングもあります。探す本がわかっているなら[検索]をタップし、次に開く画面で書名や著者名を入力して検索します❻。

❹ タップします

❺ 興味のある項目をタップします

❻ タップして検索できます

3 ジャンルなどから探す

[ブックストア]をタップし❼、[セクションを見つける]をタップします❽。なお、❼の[ブックストア]の下にある[マンガストア]をタップすると、マンガを購入できます。

Point 無料で入手できる書籍

ブックストアでは、Apple製品のマニュアルや著作権が切れた作品などを無料で提供しています。[今すぐ読む]や[ブックストア]から、無料コンテンツへのリンクをタップして探しましょう。

❼ タップします

❽ タップします

4 見たい項目をタップする

見たいものをタップします❾。するとそのページにジャンプします。

Point Apple 以外の 電子書籍サービス

Apple Books以外にも、AmazonのKindleなどさまざまな電子書籍サービスがあります。他社サービスの多くは「Safari」などのブラウザで各サービスのWebサイトから電子書籍を購入し、専用アプリで読みます。読む操作はAppleの「ブック」アプリと似ています。

❾ 見たいものをタップします

5 電子書籍を購入する

書籍をタップすると、この画面になります。[入手]または金額が書かれたボタンをタップします❿。認証のダイアログが開いたら、Apple IDとパスワードまたは指紋か顔で認証します。その後、電子書籍がダウンロードされます。

❿ タップします

Chapter 8 ［Apple Booksを読む］

Apple Booksで読書を楽しむには

| Pro | Air | iPad | mini |

Apple Booksのブックストアで購入した電子書籍を「ブック」アプリで読んでみましょう。検索など、電子書籍ならではの便利な機能が搭載されています。

基本 ●————————— 応用
趣味 —————●——— 実用

1 購入した書籍を表示する

「ブック」アプリで、［ライブラリ］の下の［すべて］をタップすると、購入したり入手したりした書籍が表示されます❶。表紙をタップすると、この書籍が開きます❷。☁ が付いているのは、このアカウントで購入または入手済みで、このiPadにまだダウンロードされていない書籍です❸。表紙をタップするとダウンロードされ、読めるようになります❹。

❶ タップします

❷ タップすると開きます

❸ ダウンロードされていない書籍です

❹ タップしてダウンロードします

2 書籍を読む

縦書きの書籍の場合、左端をタップすると次のページへ進みます❺。右端をタップすると前のページへ戻ります❻。アプリの機能を使うには、画面の中ほどをタップしてツールを表示します❼。右下の ☰ をタップするとメニューが表示されます❽。

❺ タップして次のページへ進みます

❻ タップして前のページへ戻ります

❼ タップします

❽ ここにある ☰ をタップします

3　目次からジャンプする

手順2の右下のメニューで［目次］をタップすると❾、目次が表示されます、タップしてそのページにジャンプできます❿。

Point 見やすい表示にする

手順2の右下のメニューで［テーマおよび設定］をタップすると、文字の大きさや画面の色合いなどを変えることができます。

❾ 手順2の右下のメニューで［目次］をタップします

❿ タップしてジャンプできます

4　検索する

手順2の右下のメニューで［ブックを検索］をタップし⓫、語句を入力して本の内容を検索します⓬。検索結果をタップしてそのページにジャンプできます⓭。

⓫ 手順2の右下のメニューで［ブックを検索］をタップします

⓬ 語句を入力して検索します

⓭ タップしてジャンプできます

5　ハイライトやメモを追加する

語句を長く押してから範囲を選択します⓮。メニューが表示され、蛍光ペンのようなハイライトを付けたり、メモを入力したりできます⓯。

Point 本を閉じる

この本を閉じるには、画面の中ほどをタップし、右上に［×］が表示されたらタップします。

⓮ 長く押してから範囲を選択します

⓯ タップしてハイライトなどの機能を利用します

新聞を読むには

iPadで新聞を読むこともできます。専用アプリで紙面レイアウトがその
まま表示され、拡大もできて快適に読めます。「Safari」やニュースア
プリで新聞記事を読む方法もあります。

基本 ━━●━━ 応用
趣味 ━━━●━ 実用

▶ iPadで新聞を読むアプリ

主要新聞社のiPadアプリ対応状況

各新聞社のアプリを使って、紙面の形のまま読むこと
ができます。拡大表示や検索など、紙の新聞にはない使
い方も備えていて便利です。各社とも、有料会員、無料
会員、会員登録の有無などの状況に応じて、読める記事
や利用できるサービスが異なります。

なお読売新聞は、紙面の形で読めるアプリは提供して

いませんが、Webブラウザで紙面イメージの閲覧がで
きるサービスを提供しています。料金は新聞購読料の
みです。また読売新聞を購読していなくても、「読売新
聞オンライン」アプリで無料のアカウントを登録する
と、紙面レイアウトではありませんが一部の記事を読
むことができます。

新聞名	日本経済新聞	毎日新聞	朝日新聞
アプリ名	日本経済新聞 紙面ビューアー	毎日ビューアー	朝日新聞紙面ビューアー
月額： 新聞購読との併用	5,900円（税込）	新聞購読料のみ	新聞購読料 ＋1,000円（税込）
月額： デジタル版のみ	4,277円（税込）	毎日新聞デジタルのプレミアム プラン 3,520円（税込）	プレミアムコース 3,800円（税込）
無料で利用できる 範囲	電子版無料会員に申し込む と、有料会員の一部サービ スを利用できる	「毎日新聞ニュース」アプリで は、紙面レイアウトではない が一部の記事を閲覧できる	このアプリを利用できるのは 有料会員のみ。「朝日新聞 デジタル」アプリでは、紙面 レイアウトではないが無料で 一部の記事を閲覧できる
アプリの販売元と サイズ	NIKKEI INC. 42.5MB	THE MAINICHI NEWSPAPERS 15.1MB	The asahi shimbun 49.2MB
特徴	「日本経済新聞 電子版」ア プリでも一部の記事を無料 で読むことができる	毎日新聞デジタルのスタン ダードプランは、月額 1,078 円（税込）。紙面レイアウト ではないが、有料記事を無 制限で読める	デジタル版の有料記事が月 50本まで読め、紙面ビュー アーに対応していないベー シックコースは月額 980円 （税込）

※サービス内容や優待などによって複数の料金プランが用意されていることがあります。また、料金は地域やキャンペーン
などによって変動することがあります。

▶ 新聞記事を読む

紙面がそのまま表示される

右図は「毎日ビューアー」アプリです。紙面がそのまま表示されます❶。右上の［メニュー］をタップすると、記事一覧や検索などの機能を利用できます❷。

Point スポーツ新聞のアプリもある

サンケイスポーツやデイリースポーツなど、専用アプリを提供しているスポーツ新聞もあります。

❶ 紙面が表示されます　　❷ さまざまな機能を利用できます

「Safari」で読む

専用アプリではなく、Webブラウザの「Safari」で各社のサイトにアクセスして記事を読むこともできます❸。専用アプリと「Safari」では、読める記事や利用できるサービスが異なることがあります。

❸ 「Safari」で新聞の記事を読むこともできます

さまざまなニュースを
集めたアプリ

スマートニュースやグノシー、Googleニュース、Microsoft Startなど、さまざまな情報源のニュースをまとめて読めるアプリもあります。右図は「グノシー」アプリです❹。

✎ グノシー - 重要ニュースを
分かりやすく、楽しくお届け

価 無料　販 Gunosy Inc.
Siz 74.7MB

❹ さまざまな情報源のニュースを集めたアプリです

Chapter 8 ［雑誌］

雑誌を読むには

iPadで読める雑誌もたくさんあります。1誌ごとの専用アプリになって
いるものと、1つのアプリで多くの雑誌の購入や閲覧ができるものが
あります。

基本 ├──────●──┤ 応用

趣味 ├──●──────┤ 実用

▶ 1誌ごとの専用アプリで読む

1 専用アプリを起動する

専用アプリを提供している雑誌があります。ほとんどの場合、アプリは無料で、そのアプリから有料で雑誌コンテンツを購入します。ここでは『dancyu』を例にとって解説します。「dancyu」アプリをApp Storeからインストールして起動します。［定期購読］をタップし❶、［定期購読］をタップすると、定期購読の手続きをする画面が開きます❷。

dancyu **dancyu**

価 無料　販 PRESIDENT Incorporated

Size 49.4MB

❶ タップ
します

❷ タップして定期購読の
手続きに進みます

2 1号ずつ購入する

［単品購入］をタップし❸、［詳細］をタップすると、次の画面でこの号だけを購入したり、一部を試し読みしたりすることができます❹。［本棚］をタップすると、購入済みの号を読めます❺。

❸ タップします

❹ タップして購入や試し
読みの画面に進みます

❺ タップして
読みます

雑誌アプリで読む

1 定額制読み放題サービスを利用する

雑誌の定額制読み放題サービスもあります。たとえば「dマガジン」は月額440円（税込）、「楽天マガジン」は月額418円（税込）です。いずれも「Safari」で会員登録をします。この図は「dマガジン」アプリで、会員登録前に試し読みできます。

❶「dマガジン」です

d dマガジン

価 無料　販 NTT DOCOMO, INC.
Size 15.3MB

2 Kindleの雑誌を読む

AmazonのKindleは、書籍だけでなく雑誌も多数取り扱っています。書籍と同じように、「Safari」で購入し、「Kindle」アプリで読みます❷。「Kindle Unlimited」という読み放題サービスもあります。対象となっている書籍や雑誌を月額980円（税込）で読み放題で楽しめます。「Safari」でAmazonのサイトにアクセスして手続きし、「Kindle」アプリで読みます。

❷「Safari」でAmazonのサイトにアクセスし、Kindle版の雑誌を購入できます

3 マンガを読む

マンガを読めるアプリもたくさんあります。定期購読方式で支払うものや、連載の一部のみ無料、期間によって無料など、費用もさまざまです。右図は「少年ジャンプ+」アプリです❸。

❸「少年ジャンプ+」です

少年ジャンプ+

価 無料　販 SHUEISHA Inc.
Size 91.3MB

Chapter 8 ［ラジオ］

ラジオを聴くには

ラジオ番組をリアルタイムで、あるいは自分の好きな時間にインターネット経由で聴けるアプリがあります。

基本 ●――――――●―――― 応用

趣味 ●――――――― 実用

▶ 各局の番組を聴く

1 現在の地域のラジオ局を聴く

「radiko」アプリを起動した時に位置情報の利用を許可します❶。現在地の地域のラジオ番組は、無料で聴取できます。ほかの地域の番組を聴くには、「Safari」でradikoのサイト（http://radiko.jp）にアクセスし、月額385円（税込）のプレミアム会員登録をします。

radiko

無料　radiko Co.,Ltd.
59.9MB

❶ いずれかをタップします

2 現在放送中の番組を聴く

このアプリはiPadに最適化されていないため、iPhoneのサイズで表示されます。■をタップすると、拡大表示されます❷。どちらのサイズの表示で使っても差し支えありません。［ホーム］をタップし❸、［ライブ］をタップすると❹、現在ラジオの電波で放送中の各局の番組が表示されます。聴きたい番組をタップすると再生が始まります❺。

❷ タップすると拡大表示できます

❸ タップします

❹ タップします

❺ タップして再生します

3 聴き逃した番組を探す

[番組表]をタップします❻。日付をタップするとメニューが表示されるので、聴きたい番組が放送された日付をタップして選択します❼。放送局の部分を左右にスワイプしてスクロールし、目的の放送局をタップして選択します❽。番組をタップすると再生されます❾。このアプリでは原則として1週間分の番組を聴けます。ただし、聴けない番組もあります。

❻ タップします

❼ タップし、メニューから日付をタップします

❽ タップします

❾ タップして再生します

▶ NHKのラジオ番組を聴く

1 放送中の番組を聴く

前述のradikoでもNHKラジオ第1とNHK FMが配信されていますが、NHKラジオ専用のアプリもあります。アプリを起動して[ホーム]をタップし❶、[ライブ中]のいずれかをタップすると、現在ラジオの電波で放送中の番組を聴くことができます❷。

> **NHK ラジオ らじるらじる**
> **ラジオ配信アプリ**
> 🏷 無料 販 NHK (Japan Broadcasting Corp.)
> 📦 34.6MB

❶ タップします

❷ タップして聴きます

2 ほかの地域や 聴き逃した番組を聴く

[番組表]をタップします❸。🎵をタップすると、地域を選択できます❹。日付をタップして選択します❺。再生アイコンが付いている番組をタップすると再生されます❻。

❸ タップします

❹ タップして地域を変更できます

❺ タップして選択します

❻ タップして再生します

Chapter 8 ［天気］

気象の情報を知るには

Pro **Air** **iPad** **mini**

iPadOS 16で「天気」アプリが新たに追加されました。天気予報のほか、さまざまな気象の情報を美しいアニメーション効果とともに見ることができます。

基本 ●━━━┼━━━┼━━━┤ 応用
趣味 ├━━━┼━━━┼━━●━ 実用

1 現在地の天気を見る

「天気」アプリの起動時に位置情報の使用を許可すると、現在地の天気が表示されます❶。詳しく見たい情報をタップします❷。

❶ 現在地の天気が表示されます

❷ タップします

2 詳しい情報を見る

詳しい情報が表示されます❸。［×］をタップして閉じます❹。

❸ 詳しい情報が表示されます

❹ タップして閉じます

Point 気象の通知を受ける

サイドバー上部の［…］をタップして［通知］をタップすると、通知を設定する画面が開きます。このアプリに位置情報の使用を常に許可すると、現在地に関する重大な気象の通知を受けることができます。この情報は、日本では気象庁のデータに基づきます。これから1時間の雨の強さの通知は、本書執筆の2022年12月現在、日本では提供されていません。

3 別の場所を検索する

検索フィールドをタップしてから、都市か空港の名前を入力します❺。候補が表示されたらタップします❻。

❺ タップしてから入力します

"しんちと"の結果

❻ タップします

4 検索した場所の天気が表示される

その場所の天気が表示されます❼。今後もこの場所の天気を見たい場合は[追加]をタップします❽。

❼ 検索した場所の天気が表示されます

❽ タップします

5 場所のリストを操作する

サイドバーのリストに追加され、タップして天気を見ることができます❾。追加した場所を削除するには、左へスワイプしてから❿、をタップします⓫。

❾ タップして天気を表示します

❿ 削除する時にスワイプします

⓫ タップします

Point 他社製の天気アプリ

「tenki.jp for iPad」「Yahoo!天気」「ウェザーニュース」などのアプリをApp Storeからダウンロードして使うこともできます。

Chapter 8 ［場所の検索］

マップで場所を検索するには

iPadに標準で入っている「マップ」アプリで、現在地や目的地を調べたり、特定の場所をほかの人に伝えたりすることができます。

基本 ●———┼———┼———┤ 応用

趣味 ├———┼———●———┤ 実用

► マップの基本操作を知る

1 現在地を表示する

ホーム画面で［マップ］をタップして起動します❶。🔝をタップすると❷、現在地が測位され、地図上に円で表示されます❸。アイコンは🔝に変わります。左側の情報は、上部をタップすると小さくなります❹。

❶「マップ」を起動します

❷ タップすると

❸ 現在地が表示されます

❹ タップすると小さくなります

2 向いている方向に地図を合わせる

🔝をタップすると❺、向いている方向に合わせて地図が回転します❻。2本指を画面にあてて回転することで、地図の向きを変えることもできます。▣をタップすると、北を上にした状態に戻ります❼。1本の指でドラッグすると表示範囲を移動できます。ピンチすると地図の拡大／縮小ができます。

Point Wi-Fiモデルは
GPS内蔵ではない

Wi-Fi＋CellularモデルにはGPSが内蔵されています。Wi-FiモデルにはGPSがなく、Wi-FiネットワークやBluetoothで現在地を測位します。

❺ タップすると

❻ 自分の向いている方向に合わせて地図が回転します

❼ タップすると北が上に戻ります

▶ 目的地を探す

住所や施設名で検索する

住所や店の名前、施設名などで探すには、検索フィールドに入力し、キーボードの⏎をタップします❶。すると、地図上に表示されます❷。

Point 業種などで検索

検索フィールドに業種（たとえば「コンビニ」など）を入力すると、地図に表示されている場所の近辺で検索されます。

❶ 検索します

❷ 場所が表示されます

▶ 場所を伝える

1 伝えたい場所を送信する

「マップ」アプリから場所を知らせることができます。伝えたい場所を長く押します❶。メニューが表示されたら［場所を送信］（現在地を長く押した場合は［自分の現在地を送信］）をタップします❷。次の画面で［メッセージ］や［メール］など送信する方法をタップし、画面の指示に従います。

❶ 長く押します

❷ タップします

2 「メール」で受信する

メッセージやメールで受信した側の表示はデバイスやOSによって異なります。iPadの「メール」アプリで受信した場合は地図が表示されます❸。［"マップ"で表示］をタップすると「マップ」アプリに切り替わって場所が表示されます❹。

❸ iPadの「メール」アプリで受信した場合です

❹ タップして「マップ」アプリで表示します

Chapter 8 ［経路検索］

目的の場所までの 経路を知るには

「マップ」アプリでは場所だけでなく、出発地から到着地までの経路を 調べることもできます。

基本 ●────────── 応用

趣味 ────●───── 実用

1 目的地を検索する

前ページで解説した操作で目的地を検索します❶。所要時間が書かれているところをタップします❷。

❶ 目的地を検索します

❷ タップします

2 経路が検索される

現在地を今すぐ出発した場合の経路が検索されます。移動手段をタップし❸、利用する手段をタップして選択します❹。［経路をプレビュー］をタップすると、経路が詳しく表示されます❺。［出発］をタップすると、経路がカーナビのように案内されます❻。

 Point 複数の経路から選ぶ

この図のように複数の経路がある場合は、左側のリストで経路をタップすると、地図上にその経路が表示されます。

❸ タップします

❹ いずれかをタップします

❺ タップして詳しい経路を表示します

❻ タップすると詳しい案内が始まります

3 現在地以外から出発する

現在地以外の場所からの経路を調べるには、[現在地] をタップします**❼**。次の画面で出発地を入力し**❽**、タップして選択します**❾**。これで手順2の画面に戻り、経路が検索されます。

 Point 他社製のアプリ

「Google マップ」や「Yahoo! MAP」などのアプリを App Store からダウンロードできます。また「乗換案内」や「Yahoo!乗換案内」など、交通機関の経路検索に特化したアプリもあります。

4 日時を指定して検索する

時刻を指定するには、手順2の画面で移動手段の右にある [今すぐ出発] をタップします**❿**。[出発時刻] か [到着時刻] のどちらかをタップします**⓫**。カレンダーをタップして日付を選択します**⓬**。時刻をタップしてから**⓭**、上下にスワイプして設定します**⓮**。[完了] をタップすると指定した条件で検索されます**⓯**。

 Point 時刻を1分刻みで設定する

時刻を上下にスワイプすると5分刻みの設定ですが、**⓮**で示した部分をタップすると電卓のようなテンキーが表示され、1分刻みで設定できます。

Point 地図の種類を変更する

右上のアイコンをタップします**❶**。地図の種類をタップし**❷**、⊠ をタップして変更できます**❸**。地図を大幅に縮小すると、地球儀のような表示になります。[航空写真] の地球儀では、昼と夜もリアルタイムでわかります。

Chapter 8 ［FaceTime］

FaceTimeで音声／ビデオ通話をするには

標準で付属している「FaceTime」（フェイスタイム）アプリを使って、無料で音声／ビデオ通話ができます。以前はApple製デバイス間だけで利用できましたが、2021年秋からは他社製デバイスとも通話できるようになりました。

基本 ├──┼──●──┼──┤ 応用
趣味 ├──┼──●──┼──┤ 実用

▶ Apple IDを設定する

1 サインインする

FaceTimeを利用するには、まずアカウントを設定します。「設定」を開き、［FaceTime］をタップします❶。［FaceTime］がオンになっていれば、すでにサインインしています❷。サインインしていなければ、必要に応じてApple IDとパスワードを入力し、サインインします。相手があなたとFaceTimeで話したい時は、Apple IDのメールアドレス宛に発信します。

❶ タップします
❷ オンになっていれば使える状態です

▶ 通話をする

1 発信する

ホーム画面の［FaceTime］をタップして起動します。上部にある［新規FaceTime］をタップします❶。➕をタップして「連絡先」アプリから相手を選ぶか❷、相手がFaceTimeで使用しているメールアドレスまたは電話番号を入力します❸。📞または［FaceTime］をタップして発信します❹。iOS 12.1.4以降などの条件を満たせば最大32人で通話できます。デバイスによっては音声のみの参加になります。

❶ ここにある［新規FaceTime］をタップします
❷ タップして連絡先から選ぶか
❸ タップしてメールアドレスか電話番号を入力します
❹ タップして発信します

② 着信を受ける

iPadがロックされている時に通話の着信を受けたら、[スライドで応答]を左から右へスワイプして応答します❺。iPadを使用している時に着信した場合は通知に表示される■か■をタップします。ビデオ通話の場合は「FaceTime」アプリに切り替わるので、[参加]をタップして応答します。

❺ スワイプして応答します

Point センターフレーム

一部のモデルには、ビデオ通話中に動いても自動で常に自分を中央に映す機能があります。これをセンターフレームといいます。FaceTimeのビデオ通話中にコントロールセンターを開き、[エフェクト]をタップしてセンターフレームのオン／オフを切り替えます。対応しているほかのアプリでも利用できます。たとえば「Zoom」では通話中の画面にオン／オフのボタンがあります。

③ ビデオ通話をする

このようにビデオ通話ができます。■をタップして、ステッカーやミー文字（168ページ参照）などを使います❻。■をタップして、前面と背面のカメラを切り替えます❼。参加者を追加したい時は、現在の通話相手をタップし❽、[参加者を追加]が表示されたらタップします。通話を終了するには■をタップします❾。

Point ポートレートモードを使う

一部のモデルでは、自分の背景をぼかすポートレートモードを利用できます。FaceTime使用中にコントロールセンターを開いて、[エフェクト]からオン／オフを設定します。

❻ タップしてステッカーやミー文字などを選択できます

❼ タップしてカメラを切り替えます

❽ タップして、[参加者を追加]が表示されたらタップします

❾ タップして通話を終了します

▶ メールなどで招待して通話する

① リンクを作成して招待する

リアルタイムで呼び出すのではなく、前もって連絡しておくこともできます。「FaceTime」を起動した画面で[リンクを作成]をタップします❶。連絡する方法をタップします。たとえば[メール]をタップし❷、通話をしたい日時などを本文に書いてメールを送信します❸。

❶ タップします

❷ タップします

❸ この後、メールを送信します

リンクから参加する

通話を始める時に［FaceTimeリンク］を
タップします❹。この後、通話の画面に切
り替わったら［参加］をタップします❺。

Point すべてのiPadで利用できる

iPadのWi-Fi＋Cellularモデルは、携帯
電話回線の契約をしていても、通常の携
帯電話としては利用できません。しかし、
FaceTimeはインターネットのデータ通信
を利用するので通話できます。携帯電話回
線のないWi-FiモデルのiPadでも、Wi-Fi
経由で通話できます。

❹ タップします

❺ 通話の画面で［参加］を
タップします

相手の参加を許可する

メールを受信した人は、メールに書かれ
たリンクをタップします。すると「Face
Time」アプリが開くので、［参加］をタップ
します。
招待した側には通知が表示されます。
をタップして、相手の参加を許可します
❻。これで通話が始まります。

❻ 招待した相手が接続したら、
タップして参加を許可します

「カレンダー」アプリで
FaceTimeリンクを作成する

「カレンダー」アプリとFaceTimeリンク
を連携することもできます。「カレンダー」
でイベントを作成し、［場所またはビデオ
通話］をタップします。メニューが開いたら
［FaceTime］をタップします❼。［追加］を
タップしてこのイベントを保存します❽。

Point iCloudなどを
利用している場合

iCloudやMicrosoft Exchangeなどで
カレンダーを同期していると、この画面に
［予定出席者］の項目があり、相手のメール
アドレスを入力できます。その後、手順5
で［予定出席者］をタップして招待メール
を送れます。iCloudの同期は206ページ
を参照してください。

❼ タップし、次の画面で［FaceTime］
をタップします

❽ タップします

5 カレンダーから招待や参加をする

イベントをタップします❾。🔲 をタップし❿、[メール] をタップします⓫。この後、リンクが書かれたメールメッセージが開くので、宛先や件名、本文を入力して送信します。イベントの日時になったら[参加]をタップします⓬。または「FaceTime」アプリでリンクをタップします。

Point Apple 製以外のデバイスとも通話ができる

リンクを知らせる方法を使うと、Windows や Android のデバイスを使っている相手はブラウザ（Chrome または Edge）で通話に参加できます。

❾ タップします

❿ タップします

⓫ タップしてメールを送信します

⓬ 開始する時にタップします

▶ FaceTime で話しながら一緒にコンテンツを楽しむ

1 共有するコンテンツの再生を開始する

FaceTime の通話中に、ホームボタンを押すか、画面のいちばん下から上へスワイプしてホーム画面を表示します❶。本書では例として「Apple TV」アプリをタップして起動します。この後、コンテンツを再生します❷。

❶ ホームボタンを押すか、画面の下から上へスワイプしてホーム画面を表示します

❷ タップし、「Apple TV」アプリでコンテンツを再生します

2 ほかの人もコンテンツを再生する

ほかの人の画面に通知が表示されます。[開く] をタップして再生を開始します❸。または相手の名前が書かれた部分をタップし、次の画面で [開く] をタップします❹。遅延なく同時に再生されるので、感想などを話しながら視聴できます。

Point SharePlay

この機能を SharePlay といいます。利用には iPadOS 15.1 以降が必要です。「Apple TV」以外でも SharePlay 対応のアプリで楽しめます。「設定」の [FaceTime] で [SharePlay] をオンにして利用します。有料コンテンツの場合、参加する全員が利用できる状態であることが必要です。

❸ ほかの人から通知されたらタップします

❹ またはタップして次の画面で [開く] をタップします

Chapter 8 ［Zoom］

Zoomで会話をするには

2020年の新型コロナウイルス感染拡大をきっかけに、ビデオ会議サービスが多用されるようになりました。特に広く使われているサービスがZoom（ズーム）です。

1 Zoomのアプリをインストールする

Zoomのミーティングは、ホスト（主催者）が準備をして参加者を招待します。本書では参加者の手順を解説します。参加する前にApp Storeから「Zoom - One Platform to Connect」アプリをインストールしておきます❶。

❶ 事前にアプリをインストールします

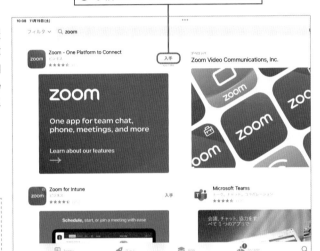

zoom **Zoom**
- One Platform to Connect

🏷 無料　🏭 Zoom Video Communications, Inc.
📦 145.3MB

2 招待のメールからアクセスする

ホストから招待のメールが送られてきます。開催日時になったら、メールに書かれているURLをタップします❷。

Point ミーティングIDとパスコードを受け取った場合

URLではなくミーティングIDとパスコードを受け取った場合は、ホーム画面でZoomのアプリをタップして起動します。最初に表示される画面で［ミーティングに参加］をタップし、ミーティングIDとパスコードを入力して参加します。

❷ タップします

3 Zoomのアプリで参加を開始する

Zoomのアプリに切り替わります。初めてこのアプリを使う時は、名前を入力して❸、[続行]をタップします❹。この後、カメラやマイクへのアクセスを求められた時は[OK]をタップして許可します。

❸ 入力します　ーティングを開始、またはミーティングに参加します

名前を入力してください

小山香織

キャンセル　　続行

❹ タップします

4 ミーティングをする

ミーティングが始まります。ミーティング中に画面をタップするとツールが表示されます。[ミュート]や[ビデオの停止]をタップして自分の音声やビデオの送信を一時的に止めることができます❺。ミーティングが終わったら[退出]をタップします❻。

❺ タップして自分の音声やビデオを停止します

❻ タップして終了します

Point　Zoomのアカウントと利用料金

ホスト側は、Zoomのアカウントを作成する必要があります。ホスト側にはさまざまな料金プランがありますが、基本的な機能は無料で利用できます。招待される参加者は無料で、Zoomのアカウントを作成する必要もありません。この手軽さが、Zoomが広く使われている理由のひとつです。

5 ミーティング中に設定を変える

[参加者]をタップすると、参加者の一覧が表示されます❼。自分の名前をタップするとメニューから名前を変更できます❽。[詳細]をタップし、メニューが表示されたら[背景とエフェクト]をタップすると、背景をぼかしたり「写真」アプリに保存されている写真にしたりすることができます❾。

❼ タップします

❽ タップしてメニューから名前を変更できます

参加者 (2)

小山香織 (自分)

SA Sayaka Aomori (ホスト)

❾ タップし、メニューの[背景とエフェクト]をタップして背景を変えます

Chapter 8 ［LINE］

LINEでやりとりするには

LINE（ライン）は、トーク機能で連絡を取り合うなど、多くの人の間で使われています。「LINE」アプリで音声通話やビデオ通話をすることもできます。

基本 ├──┼──┼──●──┤ 応用

趣味 ●──┼──┼──┼──┤ 実用

► アカウントを新規作成する

1 新規登録を始める

「LINE」アプリをインストールして起動します。LINEを初めて使う場合は［アカウントを新規登録、または……］をタップします❶。次の画面で［新規登録］をタップします。

LINE

価 無料　販 LINE Corporation
Size 267.2MB

❶ タップします

2 本人確認をする

タップして国を選択します❷。SNSまたは通話を受けられる電話番号を入力し❸、●をタップします❹。この後、この電話番号宛に認証番号が届くので、その番号を入力してLINEの使用を始めます。

❷ タップして選択します

❸ 入力します

❹ タップします

► スマートフォンで使っているアカウントでログインする

1 スマートフォンを使ってログインする

スマートフォンの生体認証（指紋や顔）で、iPadの「LINE」アプリのログインができます。前ページ手順1の画面で国を選択し、LINEを使っているスマートフォンの電話番号を入力してから❶、［スマートフォンを使ってログイン］をタップします❷。この後、画面の指示に従ってiPadとスマートフォンを操作し、ログインします。

❶ 国を選択し、入力します

❷ タップします

2 QRコードを使う

QRコードを使う方法もあります。前ページ手順1の画面で［その他のログイン方法］をタップすると❸、QRコードが表示されます❹。

 Point メールアドレスでログインする

この画面で［メールアドレスでログイン］をタップして、LINEに登録してあるメールアドレスとパスワードでログインすることもできます。

❸ 前ページ手順1の画面で［その他のログイン方法］をタップします

❹ QRコードが表示されます

3 スマートフォンの「LINE」を操作する

スマートフォンの「LINE」アプリで［ホーム］をタップし❺、🖳 をタップします❻。次の画面で［QRコード］をタップします❼。

❺ タップします

❻ タップします

❼ タップします

4 スマートフォンで読み取る

スマートフォンのカメラで、iPadに表示されているQRコードを読み取ります❽。認識されたら［ログイン］をタップします❾。この後、本人確認のコードがiPadに表示された場合は、そのコードをスマートフォンに入力します。これでiPadがLINEにログインします。

❽ 読み取ります

❾ タップします

Point 機種変更時には
引き継ぎの確認を

機種変更など、これまでLINEを使っていたデバイスが手元からなくなる際にはアカウントの引き継ぎが必要となる場合があります。LINEのWebサイトなどで条件や方法を確認してください。

▶ トークをする

1 トークを始める

LINEでメッセージやスタンプをやり取りして連絡を取り合う機能が「トーク」です。［トーク］をタップします❶。🔲をタップし❷、［トーク］をタップします❸。

❶ ここにある［トーク］を
タップします

❷ ここにある🔲を
タップします

❸ タップします

2 トークの相手を選択する

LINEに保存されている友だちのリストが表示されるので、送信相手をタップして選択し❹、［次へ］をタップします❺。

❹ タップして
選択します

❺ タップ
します

３ メッセージを送信する

フィールドをタップしてからメッセージを入力し❻、▶をタップして送信します❼。スタンプを送信したい時は☺をタップします❽。相手から返信があると、この画面に吹き出しで表示されます。

❻ タップしてから入力します

❼ タップします

❽ タップしてスタンプを選びます

▶ 通話をする

１ 友だちのリストを表示する

LINEにも通話の機能があり、ビデオ通話をすることもできます。LINEに保存されている友だちに通話を発信するには、[ホーム] をタップし❶、[友だち] をタップします❷。

❶ タップします

❷ タップします

Point トークの画面から発信する

上の手順3の画面で、右上にある📞をタップして、音声通話やビデオ通話を発信することもできます。

２ 発信する

発信する相手をタップし❸、[音声通話] か [ビデオ通話] のいずれかをタップします❹。この後、マイクやカメラの使用を許可するよう求めるダイアログが開いたら、許可します。相手が応答すると、通話が始まります。

❸ タップします

❹ いずれかをタップします

Point ビデオ通話を受ける

ほかの人からの着信を受けたらチェックマークをタップするか、[スライドで応答] をスワイプします。マイクとカメラの使用を求められたら許可します。これでビデオ通話をすることができます。

Point SNSを使うには

自分の投稿をほかの人たちに見てもらったり、ほかの人の投稿を見て情報収集をしたり、コメントやメッセージをやりとりして交流したりするサービスを総称してSNSといいます。広く使われているSNSをいくつか紹介します。

Twitter

短文を投稿したり、ほかの人をフォローして投稿を読んだりするSNSです。アプリを起動し、ログインして使います。

Facebook

友人、知人とFacebook上の「友達」としてつながり、投稿やコメントをやりとりするサービスで、実名で利用します。これもアプリを起動し、ログインして使います。

Messenger

Facebookのメッセージ機能は、「Messenger」という別のアプリで使用します。

Instagram

写真や動画の投稿や閲覧と交流ができるサービスです。「Instagram」アプリはiPadに最適化されていません。そのため、アプリを起動するとiPhoneの画面サイズで表示されます。このまま使うか、右下の■をタップしてこの画面を拡大表示することはできます。または「Instagram」アプリではなく、「Safari」でhttps://www.instagram.comにアクセスし、ログインして使います。

ステージマネージャ

Slide OverやSplit Viewで複数のアプリを表示して使う方法は26〜31ページで解説しましたが、iPadOS 16の新機能である「ステージマネージャ」を使うと複数のアプリの表示や切り替えがさらに便利になります。
ステージマネージャは、iPad Air（第5世代）、12.9インチiPad Pro（第3世代以降）、11インチiPad Pro（第1世代以降）で利用できます。

① あらかじめコントロールセンターに［ステージマネージャ］を追加しておきます（128ページ参照）。そして使いたい時にコントロールセンターから［ステージマネージャ］をタップします。

タップします

② 使用中のアプリが中央に大きく表示されます。最近使ったアプリが左側に小さく表示され、タップして大きく表示できます。中央のアプリは、右下の◢をドラッグしてウインドウの大きさを変えられます。

タップすると大きく表示されます

ドラッグしてウインドウの大きさを変えます

③ たとえば「Safari」で調べ物をしながら「メモ」で文章を書きたいとします。「Safari」で［…］をタップし、［別のウインドウを追加］をタップします。この後、最近使ったアプリやホーム画面、Dockから「メモ」を開きます。

④ 「Safari」と「メモ」が大きく表示され、タップして切り替えながら作業をすることができます。

素材のダウンロード方法

本書で使用する筆文字・ぬりえ・なぞり書きのダウンロード方法を紹介します。
下記のURLを入力またはQRコードでダウンロードサイトにアクセスしてください。
※筆文字は、次ページを撮影して使用することもできます。

ダウンロードできるデータ

●書道のお手本

●ぬりえ

線画

カップ
ケーキ

お城と
お花

お手本

●なぞり書き用のお手本

ダウンロードのやり方

1 URLにアクセス

https://book.mynavi.jp/
supportsite/detail/9784
839982256.html

❶ URLを入力

❷ ダウンロード
したいものをタップ

2 画像の保存

❸ 画面を長押し

❹ ["写真"に
保存]をタップ

3 「写真」アプリに保存された

❺ [写真]をタップ

❻「写真」アプリ内に
保存された

篤温
実厚

小山香織 KOYAMA Kaori

ライター、翻訳者、トレーナー。Apple 製品やビジネス系アプリケーションなどに関する著書多数。雑誌や Web 媒体にも寄稿。近著に『ビジネス iPad 目指せ達人 基本 & 活用術』。訳書に『世界で闘うプロダクトマネジャーになるための本 トップ IT 企業の PM として就職する方法』、『シンプルでよく効く資料作成の原則 コンテンツとデザインからプレゼンを変える』（すべて小社刊）など。

●お問い合わせについて

本書の内容に関する質問は、下記の問い合わせフォームまで、書名を明記のうえお送りください。
電話によるご質問にはお答えできません。また、本書の内容以外についてのご質問についてもお答えできませんので、あらかじめご了承ください。なお、質問への回答期限は本書発行日より 2 年間とさせていただきます。

・問い合わせフォーム
https://book.mynavi.jp/inquiry_list/

iPad マスターブック 2023 iPadOS 16 対応

2023年1月26日　初版第1刷発行

●著者	小山香織
●発行者	角竹輝紀
●発行所	株式会社 マイナビ出版
	〒101-0003　東京都千代田区一ツ橋2-6-3 一ツ橋ビル2F
	TEL0480-38-6872（注文専門ダイヤル）
	TEL03-3556-2731（販売部）
	TEL03-3556-2736（編集部）
	URL：https://book.mynavi.jp
●装丁・本文デザイン	米谷テツヤ（PASS）、白根美和（PASS）
●筆文字制作協力	東村山市シルバー人材センター
●筆文字制作	三代川正美
●DTP	富宗治
●印刷・製本	シナノ印刷 株式会社